中国人民公安大学“十一五”规划教材

通信原理与电路实验指导书

刘 军 主 编

中国人民公安大学出版社
·北 京·

图书在版编目（CIP）数据

通信原理与电路实验指导书/刘军主编. —北京：中国人民公安大学出版社，2010.10

中国人民公安大学“十一五”规划教材

ISBN 978-7-5653-0201-5

Ⅰ. ①通…　Ⅱ. ①刘…　Ⅲ. ①通信理论—实验—高等学校—教学参考资料②电路—实验—高等学校—教学参考资料
Ⅳ. ①TN911-33②TM13-33

中国版本图书馆 CIP 数据核字（2010）第 190546 号

中国人民公安大学“十一五”规划教材

通信原理与电路实验指导书

TONGXIN YUANLI YU DIANLU SHIYAN ZHIDAOSHU

刘军　主编

出版发行：中国人民公安大学出版社
地　　址：北京市西城区木樨地南里
邮政编码：100038
经　　销：新华书店
印　　刷：北京蓝空印刷厂

版　　次：2010 年 10 月第 1 版
印　　次：2010 年 10 月第 1 次
印　　张：8.125
开　　本：850 毫米×1168 毫米　1/32
字　　数：202 千字

书　　号：ISBN 978-7-5653-0201-5/T·0002
定　　价：23.00 元

网　　址：www.cppsup.com.cn　www.porclub.com.cn
电子邮箱：zbs@cppsup.com　zbs@cppsu.edu.cn

营销中心电话：（010）83903254
读者服务部电话（门市）：（010）83903257
警官读者俱乐部电话（网购、邮购）：（010）83903253
教材分社电话：（010）83903259
公安图书分社电话：（010）83905672
法律图书分社电话：（010）83905745
公安文艺分社电话：（010）83903973
杂志分社电话：（010）83903239
电子音像与数字出版分社电话：（010）83905727

中国人民公安大学“十一五”规划教材

通信原理与电路实验指导书

主　编　刘　军

副主编　秦　静

撰稿人　（按姓氏笔画排序）

尹军祖　刘　军　张雅丽

郑　涛　秦　静　徐海明

前 言

教材作为教学的主要工具，既是联系教与学的有效媒介，也是学科与课程建设的重要组成部分，更是学科与课程改革发展成果的凝结与体现。中国人民公安大学始终将教材建设作为学校教学建设的基础工作来抓，并使之在深化教学改革、全面推进素质教育、确保公安人才培养目标实现方面发挥重要作用。

中国人民公安大学现行本科专业公安业务教材大多数是依据学校“十一五”教材建设规划而编写的，这些教材体现了从重视知识传授向重视能力培养转化；注重贴近警务实战，强调理论性与系统性，取得了较好的使用效果。

随着我国社会的发展及科教兴国和人才强国战略的推进，党中央和国务院对于包括公安院校在内的高等院校人才培养提出了更高的期望，并对教材建设等教学基本建设提出了更为具体的要求。2003 年召开的第二十次全国公安会议，明确提出了实现公安教育训练正规化、构建公安特色教育训练体系、提高公安高等教育水平的要求，而进一步加强公安专业教材建设正是公安教育训练正规化的重要内容。2005 年教育部印发《关于进一步加强高等学校本科教学工作的若干意见》（教高〔2005〕1 号）明确要求：“加强教材建设，确保高质量教材进课堂。”在此背景下，中国人民公安大学紧密结合学校人才培养的具体需要，制定了《“十一五”教材建设规划》，并正式启动了新一轮教材编写工作。

中国人民公安大学“十一五”规划教材，坚持“加强教材建设的组织领导，突出重点，培育特色，提高质量，锤炼精品，完善公安专业课程教材体系，加大辅助教材建设力度，深化教材建设工作改革”的指导思想；充分体现“完善教材体系、促进学科建设，保证质量、服务公安教育，与课程建设相协调、锤炼精品，扩大品种、合理配套”的基本精神；依据“政治坚定、业务精通、作风优良、执法公正”的应用型公安高级专门人才的培养目标，既充分反映公安工作和公安队伍建设的实际，贴近警务实践，又充分反映学科发展前沿，吸纳优秀成果。

“十一五”规划教材，紧密结合学校重点课程、精品课程和公安类特色课程建设，由中国人民公安大学学科带头人和骨干教师牵头负责，充分发挥各课程组的作用，并邀请各级公安业务部门领导、专家参加，由强大的编写阵容撰写完成。从教材内容确定，到封面设计、装帧和排版，其全过程将在严格的质量监控下进行。不仅采用择优确定主编制度，还将推行公开评审制度，由学术造诣高、实践经验丰富的专家学者审稿，确保教材质量。

我们相信，经过编写、评审和出版各方面的努力，“十一五”规划教材一定能够以特色鲜明、内容丰富和体系完善的精品特质，为提升公安学科的地位、培养合格的应用型公安高级专门人才发挥重要作用。

中国人民公安大学“十一五”规划教材编审委员会

2008 年 5 月

编者的话

《通信原理与电路实验指导书》是为大学本科《通信原理》与《电子线路》实验课教学编写的实验指导书。本实验指导书在多年实验教学的基础上对该类课程现有的各个重要的基础实验内容作了必要的调整补充与适当的更新。全书分为3篇共7章内容。第一篇“通信系统基础实验”作为指导书的开头，在第一章中首先对实验指导书中常用仪器设备的性能和使用方法进行了介绍，使学生能够在实验开始之前对常用的仪器设备和使用方法有正确的了解。第二章是高频电子线路实验，设计了5个高频电子线路的经典实验，覆盖了高频电子线路教学中所涉及的主要内容。第三章设计了5个验证通信原理的实验。指导书的第二篇以我国台湾地区掌宇教学仪器设备公司的TIMS系统仿真设备为实验平台，设计了3个高频电子线路硬件仿真实验和4个通信原理硬件仿真实验。该篇所设计的实验最突出的特点是：以TIMS系统所提供的各个硬件模块单元为基础，学生根据教师提出的课程原理和实验要求，事先进行实验方案的自行设计，然后由实验对学生的设计方案进行验证。通过这种学生自主设计形式的实验教学，能够有效地提高学生的学习主动性，也能够非常好地锻炼学生的创新意识和创新能力。在第三篇中，我们针对现代通信技术的发展设计了光纤、程控交换和移动通信技术4个原理和可操作性试验。通过这些实验可以提高学生的实际动手和操作能力。

《通信原理与电路实验指导书》是该书全体撰稿人在中国人

民公安大学多年的实验课程教学实践经验基础上编写而成的，具体写作分工如下：

刘　军：第一章及第四章的部分内容；

秦　静：第一章及第四章的部分内容、第五章、第六章；

郑　涛：第二章、第三章；

尹军祖：第七章。

本书由刘军任主编，秦静任副主编，主编特邀了张雅丽老师进行了统稿与校对。在实验步骤的验证过程中，徐海明老师做了大量的准备工作，为该书的编写给予了大力的支持和帮助。

《通信原理与电路实验指导书》可作为高等院校电子工程、无线电通信类专业的实验课教材，也可供从事电子线路设计和研制的工程技术人员参考。同时希望使用该书的教师、学生和读者对书中存在的问题提出修改意见和建议。

刘　军

2010 年于北京

目　录

第一篇 通信系统基础实验

第一章 常用仪器的使用方法

通信实验室目前开设有高频电子线路实验、通信原理实验、现代通信技术实验和公安指挥中心技术课程的实验和实训。在学生开始进行实验之前，需要对实验中常用仪器的性能作用以及正确的使用方法有基本了解。作为实验指导书的开始，第一章的内容即是对本指导书中所涉及的常用仪器设备进行介绍，以便使学生在实验进行中能够正确地掌握、使用这些设备。

1.1 示波器

示波器是近代电子科学领域的重要测量仪器，也是其他许多领域广泛使用的测量工具。示波器不仅能直接观察电压（或电流）的波形，而且能测量电压、频率、相位等参数，还可以利用传感器将各种非电量（如温度、压力、位移、热量、磁感应强度、照度等）转换为电参数，然后，利用示波器进行观察和测量。现以 YB4320/20A/40/60 双踪示波器为例（其面板见图 1-1 所示），介绍示波器的一般使用方法。

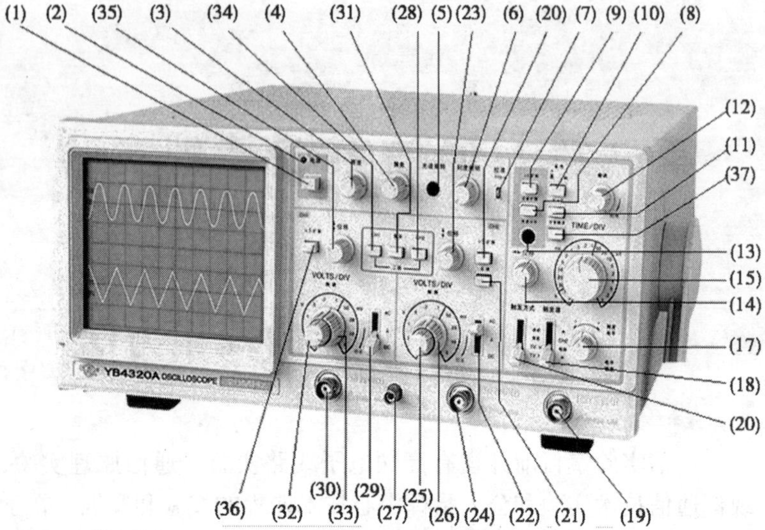

图 1－1　YB4320/20A/40/60 前面板示意图

1.1.1　YB4320/20A/40/60 型双踪示波器旋钮和开关的功能

1. 电源及示波管控制系统。

(1) 电源开关（POWER）：按键弹出即为“关”位置，按下为“开”位置。

(2) 电源指示灯（POWER LAMP）：电源按通时，指示灯亮。

(3) 亮度旋钮（INTENSITY）：顺时针方向旋转，亮度增强。

(4) 聚焦旋钮（FOCUS）：用来调节光迹及波形的清晰度。

(5) 光迹旋转旋钮（TRACE ROTATION）：用于调节光迹与水平刻度线平行。

(6) 刻度照明旋钮（SCALE ILLUM）：用于调节屏幕刻度亮度。

2. 垂直系统。

(30) 通道 1 输入端 [CH1 INPUT (X)]: 用于垂直方向输入。在 X—Y 方式时输入端的信号称为 X 信号。

(22)、(29) 交流—接地—直流，耦合选择开关 (AC - GND - DC): 选择垂直放大器的耦合方式。

交流 (AC): 垂直输入端由电容器来耦合。

接地 (GND): 放大器的输入端接地。

直流 (DC): 垂直放大器输入端与信号直接耦合。

(26)、(33) 衰减开关 (VOLT/DIV): 用于选择垂直偏转灵敏度的调节。如果使用的是 10:1 探头，计算时将幅度 ×10。

(25)、(32) 垂直微调旋钮 (VARIBLE): 垂直微调用于连续改变电压偏转灵敏度。此旋钮在正常情况下，应位于顺时针方向旋到底的位置。

(20)、(36) CH1 ×5 扩展，CH2 ×5 扩展 (CH1 ×5MAG, CH2 ×5MAG): 按下 ×5 扩展键，垂直方向的信号扩大 5 倍，最高灵敏度为 1mV/DIV。

(23)、(35) 垂直移位 (VERTICAL POSITION): 调节光迹在屏幕中的垂直位置。

(34) 通道 1 选择 (CH1): 屏幕上仅显示 CH1 的信号。

(28) 通道 2 选择 (CH2): 屏幕上仅显示 CH2 的信号。

(34)、(28) 双踪选择 (DVAL): 同时按下 (34) 和 (28) 按钮，屏幕上会出现双踪并自动以断续或交替方式同时显示 CH1 和 CH2 的信号。

(31) 叠加 (ADD): 显示 CH1 和 CH2 输入电压的代数和。

(21) CH2 极性开关 (INVERT): 按下此开关时，CH2 显示反相电压值。

3. 水平方向部分。

(15) 扫描时间因数选择开关 (TIME/DIV): 共 20 档，在

0. 1μs/DIV ~0. 2s/DIV 范围选择扫描速率。

(11) X—Y 控制键：选择 X—Y 工作方式时，垂直偏转信号接入 CH2 输入端，水平偏转信号接入 CH1 输入端。

(23) 通道 2 垂直移位键（POSITION）：控制通道 2 信号在屏幕中的垂直位置，当工作在 X—Y 方式时，该键用于 Y 方向的移位。

(12) 扫描微调控制键（VARIBLE）：此旋钮以顺时针旋转到底时处于校准位置，扫描由 TIME/DIV 开关指示。该旋钮逆时针方向旋转到底，扫描扩展 2. 5 倍以上。正常工作时，该旋钮应该位于“校准”位置。

(14) 水平移位（POSITION）：用于调节轨迹在水平方向移动。顺时针方向旋转，光迹右移，逆时针方向旋转，光迹左移。

(9) 扩展控制键（MAG ×5）、（MAG ×10，仅 YB4360）：按下去时，扫描因数 ×5 扩展或 ×10 扩展。扫描时间是 TIME/DIV 开关指示数值的 1/5 或 1/10。例如，用 ×5 扩展时，100μs/DIV 为 20μs/DIV。部分波形的扩展时将波形的尖端移到水平尺寸的中心，按下 ×5 或 ×10 扩展按钮，波形将扩展 5 倍或 10 倍。

(8) ALT 扩展按钮（ALT—MAG）：按下此键，扫描因数 ×1、×5 或 ×10 同时显示。此时要把放大部分移到屏幕中心，按下 ALT—MAG 键。扩展以后的光迹可由光迹分离控制键（13）移位距 ×1、光迹 1. 5DIV 或更远的地方。同时使用垂直双踪方式和水平 ALT—MAG 可在屏幕上同时显示四条光迹。

4. 触发（TRIG）。

(18) 触发源选择开关（SOVRCE）：选择触发信号源。

内触发（INT）：CH1 或 CH2 上的输入信号是触发信号。

通道 2 触发（CH2）：CH2 上的输入信号是触发信号。

电源触发（LINE）：电源频率成为触发信号。

外触发（EXT）：触发输入上的触发信号是外部信号，用于特殊信号的触发。

(37) 交替触发（ALT TRIG）：在双踪交替显示时，触发信号交替来自于两个 Y 通道，此方式可用于同时观察两路不相关的信号。

(19) 外触发输入插座（EXT INPVT）：用于外部触发信号的输入。

(17) 触发电平旋钮（TRIG LEVEL）：用于调节被测信号在某一电平触发同步。

(10) 触发极性按钮（SLOPE）：触发极性选择，用于选择信号的上升沿和下降沿触发。

(20) 触发方式选择（TRIG MODE）：

自动（AUTO）：在自动扫描方式时，扫描电路自动进行扫描。在没有信号输入或输入信号没有被触发同步时，屏幕上仍然可以显示扫描基线。

常态（NORM）：有触发信号才能扫描，否则屏幕上无扫描线显示。当输入信号频率低于 20Hz 时，用常态触发方式。

(7) 校准信号（CAL）：电压幅度为 $0.5V_{P-P}$频率为 1KHz 的方波信号。

(27) 接地柱⊥：接地端。

1.1.2 YB4320/20A/40/60 型双踪方波器的基本操作方法

1. 电源和扫描。

(1) 确认所用市电电压在 198V ~ 242V。确保所用保险丝为指定的型号。

(2) 断开“电源”开关。电源开关（POWER）弹出即为“关”位置。将电源线接入。

(3) 设定各个控制键在下列相应位置：亮度（INTENSITY）：顺时针方向旋转到底；聚焦（FOCUS）：中间；垂直移位

(POSITION)：中间（×5）键弹出；垂直方式：CH1；触发方式(TRIG MODE)：自动（AUTO）；触发源（SOVRCE）：内(INT)；触发电平（TRIG LEVEL）：中间；时间/格（TIME/DIV）：0.5μs/DIV；水平位置：X1（×5MAG）、（×10MAG）均弹出。

（4）接通“电源”开关，大约15s后，出现扫描光迹。

2. 聚焦。

（1）调节“垂直位移”旋钮，使光迹移至荧光屏观测区域的中央。

（2）调节“辉度（INTENSITY）”旋钮，将光迹的亮度调至所需要的程度。

（3）调节“聚焦（FOCUS）”旋钮，使光迹清晰。

3. 加入触发信号。

（1）将下列控制开关或旋钮置于相应的位置。

垂直方式：CH1；AC—GND—DC（CH1）：DC；V/DIV(CH1)：5mV。

微调（CH1）：(CAL)校准；耦合方式：AC；触发源：CH1。

（2）用探头将“校正信号源”送到CH1输入端。

（3）将探头的“衰减比”旋转置于“×10”档位置，调节“电平”旋钮使仪器触发。

1.1.3 YB4320/20A/40/60型双踪方波器的测量操作方法

1. 电压测量。

（1）电压的定量测量。将“V/DIV”微调置于“CAL”位置，就可以进行电压的定量测量。测量值可由下列公式计算后得到：

用探头“×1位置”进行测量时，其电压值为：U = V/DIV设定值×信号显示幅度（DIV）；

用探头“×10位置”进行测量时，其电压值为：U = V/DIV

设定值×信号显示幅度（DIV）×10。

（2）直流电压测量。该仪器具有高输入阻抗，高灵敏度和快速响应的优势，下面介绍测量过程：

将“扫描方式”开关置“AUTO”（自动）位置，选择“扫描速度”使扫描光迹不发生闪烁的现象。

将“AC—GND—DC”开关置“GND”位置，且将被测电压加到输入端。扫描线的垂直位移即为信号的电压幅度。如果扫描线上移，则被测电压相对地电位为正；如果扫描线下移，则该电压相对地电位为负。电压值可用上面公式求出。例如，将探头衰减比置于×10位置，垂直偏转因数（V/DIV）置于“0.5V/DIV”，微调旋钮置于“CAL”位置，所测得的扫描光迹偏高5DIV。根据公式，被测电压为0.5（V/DIV）×5（DIV）×10=25V。

（3）交流电压测量。调节“V/DIV”切换开关到合适的位置，以获得一个易于读取的信号幅度。从下面图1-2所示的图形中读出该幅度并用公式计算之。

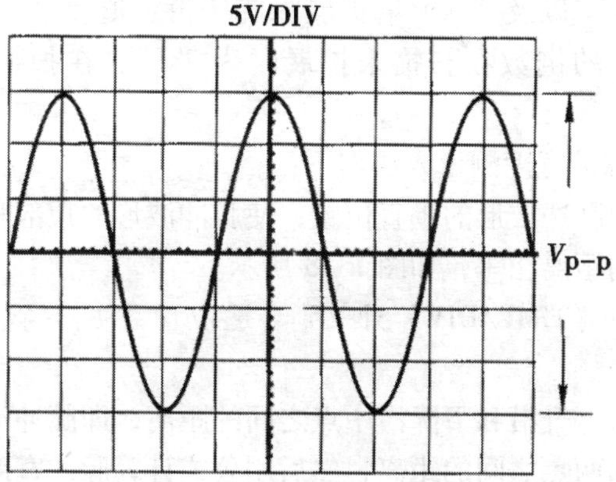

图1-2　交流电压测量

当测量叠加在直流电压上的交流电压时，将“AC－GND－DC”开关置于DC位置时就可测出所包含直流分量的值。如果仅需测量交流分量，则将该开关置于“AC”位置。按这种方法测得的值为峰—峰值电压（V_{P-P}）。正弦波信号有效值为：

$$V=\frac{V_{P-P}}{2\sqrt{2}}$$

例如，将探头衰减比置于×1的位置，垂直偏转因数（V/DIV）置于“5V/DIV”位置，“微调”旋钮置于“校正（CAL）”位置，所测得波形峰值为6格。则 $V_{P-P}=5(V/DIV)\times 6(DIV)=30V$，有效值电压为：$V=30/2\sqrt{2}=10.6$（$V$）。

2. 时间测量。信号波形两点间的时间间隔可按下列公式进行计算：

时间（s）＝（TIME/DIV）设定值×对应于被测时间的长度（DIV）×“5倍扩展”旋钮设定值的倒数。

上式中，置“TIME/DIV”微调旋钮于CAL位置。读取“TIME/DIV”以及“×5倍扩展”旋钮设定值。“×5倍扩展”旋钮设定值的倒数在扫描未扩展时为“1”，在扫描扩展时是“1/5”。

（1）脉冲宽度测量方法如下：

①调节脉冲波形的垂直位置，使脉冲波形的顶部和底部距刻度水平线的距离相等，如图1－3所示。

②调节“TIME/DIV”开关到合适位置，使扫描信号光迹易于观测。

③读取上升沿和下降沿中点之间的距离，即脉冲沿与水平刻度线相交的两点之间的距离，然后用公式计算脉冲宽度。

例如，图1－3中“TIME/DIV”设定在10μs/DIV位置，则有脉冲宽度 $t_a=10$（μs/DIV）×2.5（DIV）＝25（μs）。

（2）脉冲上升（或下降）时间的测量方法如下：

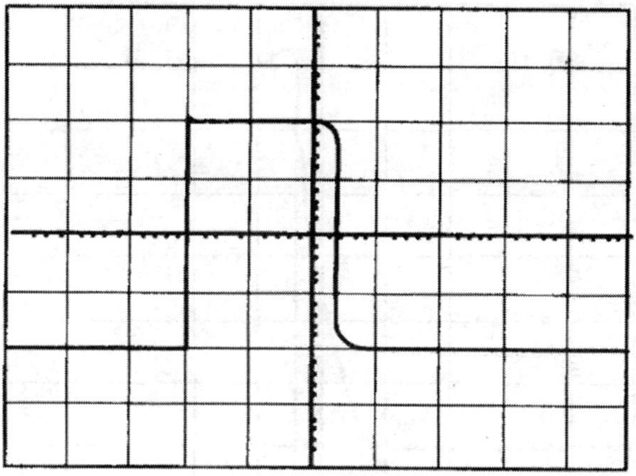

图 1－3　脉冲宽度测量

①调节脉冲波形的垂直位置和水平位置，方法和脉冲宽度测量方法相同。

②在图 1－4 中，读取上升沿 10% 到 90% Um 所经历的时间 t_r，则有 t_r =50（μs/DIV）×1.1（DIV）=55（μs）。

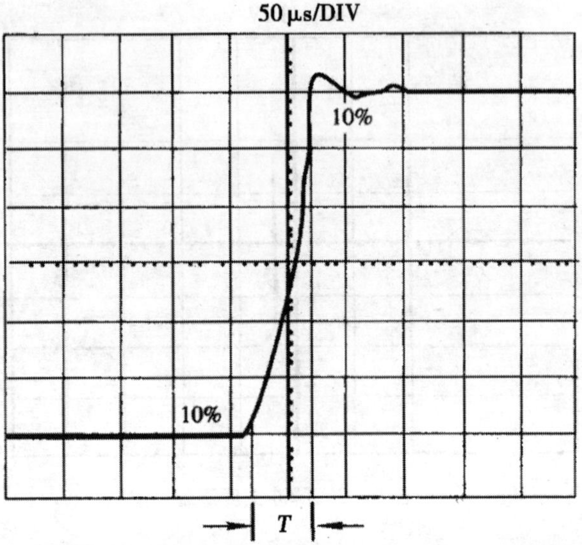

图 1-4　上升（或下降）时间测量

3. 频率测量。频率测量有两种方法：

（1）由时间公式求出输入的周期 T（单位为 S），然后用下式求出信号的频率：

$$f=\frac{1}{T}=\frac{1}{\text{周期}}\ (Hz)$$

（2）数出有效区域中 10DIV 内重复的周期数 n（时间单位为 S），然后用下式计算信号的频率 $f=n/$［（$TIME/DIV$）设定值 ×10（DIV）］。

当 n 很大（30～50）时，第二种方法的精确度比第一种方法高。这一精确度大致与扫描速度的设计精度相等。但当 n 较小时，由于小数点以下难以数清，会导致较大的误差。例如，方波器的“TIME/DIV”，设定在“10μs/DIV”位置上，测得波形如图 1-5 所示，10 格内重复周期数 $n=40$，则该信号的频率为：

$$f=\frac{40}{(10\mu s/DIV)\ \times 10\ (DIV)}=400KHz。$$

4. 相位测量。两个信号之间相位差的测量可以利用仪器的双踪显示功能进行。如图 1－6 给出了两个具有相同频率的超前和滞后的正弦波信号用双踪方波器显示的例子。此时，“触发”开关必须置于超前信号相连接的通道，同时调节“TIME/DIV”开关，使显示的正弦波波形大于 1 个周期，如图 1－6 所示。一个周期占 6 格，则 1 格刻度代表波形相位 60°，故相位差 $\Delta\Phi$ = (DIV) 数 $\times 2\pi/DIV/$周期 $=1.5\times 360°/6=90°$。

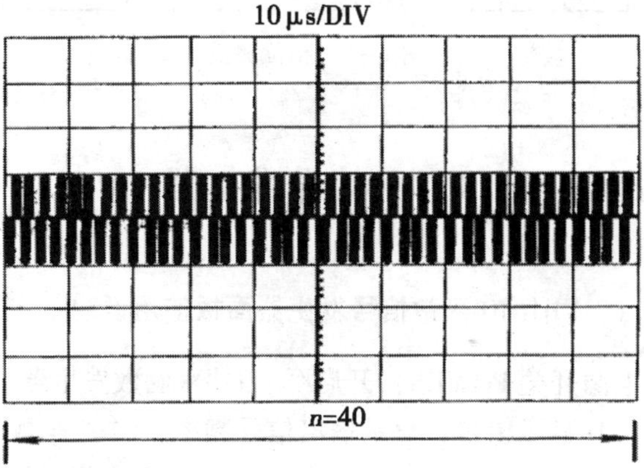

图 1－5　频率的测量

相位差=1.5×60°　=90°

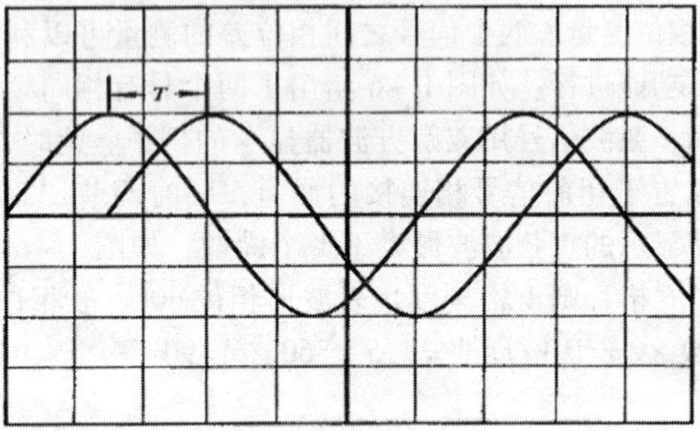

图 1-6　相位测量

1.2　信号发生器

1.2.1　YB1610 函数信号发生器面板使用说明

1. 电源开关 POWER：开启/关闭功率函数发生器。

2. LED 显示窗口：显示输出信号频率，当“外测”开关按下，显示外测信号频率。如超出测量范围，溢出指示灯亮。

3. 电压输出指示：3 位 LED 显示输出电压值，输出接 50 欧负载时，应将读数除以 2。

4. 选频按钮：根据信号频率，选择对应的最大量程并按下。

5. 波形选择开关：按下输出相对应的波形，有正弦波、方波、三角波。

6. 衰减开关：衰减输出电压幅度，二档组合为 20dB、40dB、60dB（折算后分别为原输出电压幅度的 1/10、1/100、1/1000）。

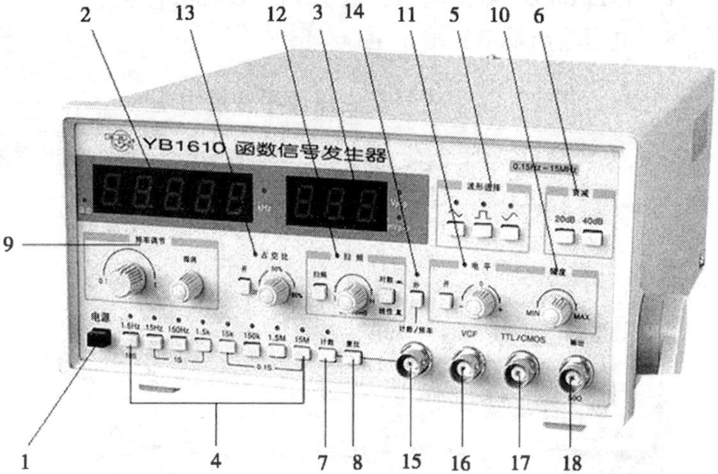

图 1－7　YB1610 函数信号发生器

7．计数开关：按下此开关，LED 开始计数。

8．复位开关：按下此开关，LED 计数清零。

9．调频旋钮 FREQUENCY：调节信号频率，微调旋钮可以小范围调节频率。

10．调幅旋钮 AMPLITUDE：调节输出电压幅度。

11．电平调节旋钮：按下电平调节开关，调节该旋钮改变直流偏移电平。

12．扫频：给出一个频率变化的信号，变化的规率分为对数和线性两种方式。

13．占空比开关：按下可改变波形的占空比。

14．外测频开关：按下此开关 LED 显示外测信号频率或计数值。

15．计数/频率端口：计数、外测信号频率输入端口。

16．VCF：由此端口输入电压控制频率变化。

17. TTL/CMOS 输出端口：输出 TTL/CMOS 信号。

18. 电压输出端口：输出电压信号。

1.2.2 YB1051 高频信号发生器面板使用说明

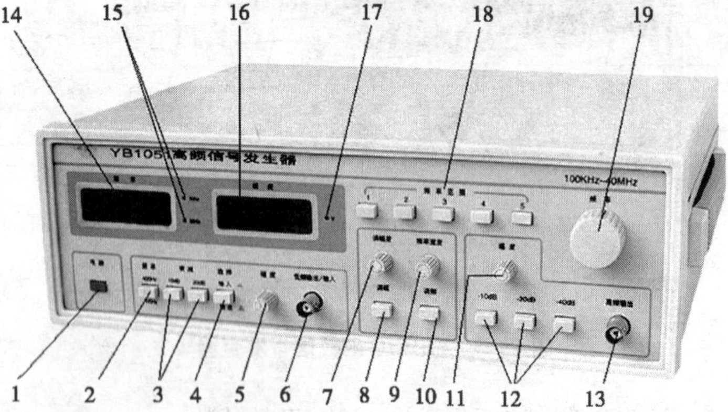

图 1－8 YB1051 高频信号发生器

1. 电源开关。

2. 频率，即音频输出频率和内调制信号频率选择（按下为 400Hz，弹出为 1KHz）。

3. 音频输出衰减，按下为衰减，单位为 dB（分贝），可叠加。

4. 输出/输入选择，即音频输出/外调制输入（按下为外调制输入，弹出为音频输出）。

5. 音频输出幅度细调。

6. 低频输出/输入插座，即低频输出/外调制输入。

7. 调幅度调节。

8. 调幅选择（按下有效）。

9. 调频频偏调节。

10. 调频选择（按下有效）。

11. 载波输出幅度细调。

12. 载波输出幅度衰减。按下为衰减，单位为 dB（分贝），可叠加。

13. 高频输出插座。

14. 输出波形频率显示。

15. 输出波形频率单位。

16. 输出幅度显示。

17. 输出幅度单位。

18. 频率范围选择。

19. 频率调节旋钮。

1.3　电源（JWY－30F 串联式直流稳压电源）

1.3.1　概述

JWY－30F 型串联式直流稳压电源，具有单路、双路和多路输出，输出电流最小为 0.5A，最大为 10A，电压连续可调。本电源各路输出独立，极性可变，互不影响，每路具有电压电流指示，监视直观，使用方便。采用截止型保护电路，安全可靠，每路输出 0V～30V，连续可调，可单机或多机串联使用。

1.3.2　使用说明

1. 在使用前应详细阅读说明书，并进行下列项目检查。

（1）电源线完好及正确性检查。

（2）接地良好性检查。

（3）供电电源检查及零线正确性检查。

2. 接好安全地线，接通电源，预热 5 分钟后即可使用，如做精密测量需预热半小时。

3. 根据所需要电压、调整“粗调”ROUGH AOJ 旋钮与“细调”CAREFUL AOJ 旋钮，要做到正确配合。例如，需要28V 电压时，“粗调”旋钮应置于30V 档，再调整“细调”旋钮至28V 档，而“粗调”旋钮不应置于27V 档；如需要27V 时，“粗调”旋钮应置于27V 档，再调整细调旋钮，而不应置于30V 档。调整到所需要电压后，再接入负载。

4. 在使用过程中，如需变换“粗调”档时，应先断开负载，待输出电压调到所需位置后，再接入负载。

5. 在使用过程中，因负载短路或过载引起保护时，应首先断开负载，然后按动“复原”REP 键，或重新开启电源电压即可恢复正常，待排除故障后再接入负载。

6. 将额定电流不等的各路电源串联使用时，输出电流为其中额定值最小一路的额定值。

7. 散热器周围应注意通风，远离热源。

1.4 万用表

1.4.1 VC9807A + 面板说明

1. 液晶显示器：显示仪表测量的数字；

2. 电源开关：启动及关闭电源；

3. 背光开关：启动及关闭背光源；

4. 保持开关：按下此功能，仪表当前所测数值保持在液晶显示器上并出现“H”符号，再次按下，“H”符号消失，退出保持功能状态；

5. h_{FE}测试插座：用于测量晶体三极管的 h_{FE}数值大小；

6. 旋钮开关：用于改变测量功能及量程；

7. 电容测试插座；

8. 20A 电流测试插座；

9. 小于 200mA 电流测试插座；

10. 公用地；

11. 电压、电阻以及频率测试插座。

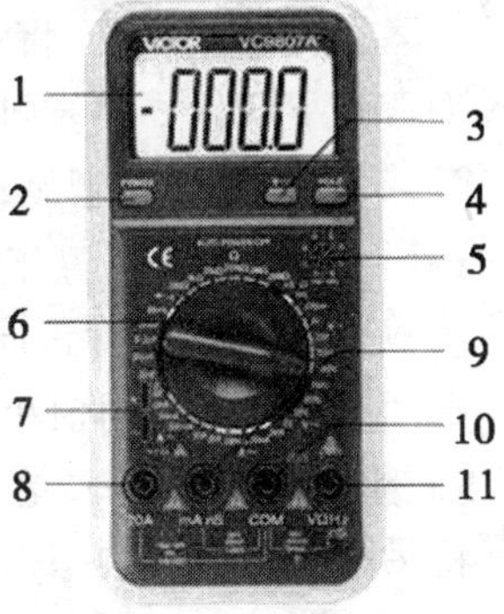

1.4.2　使用方法

1. 使用前，应认真阅读有关的使用说明书，熟悉电源开关、量程开关、插孔、特殊插口的作用。

2. 将电源开关置于 ON 位置。

3. 交直流电压的测量：根据需要将量程开关拨至直流或交流档位，并选择合适量程，红表笔插入 V/Ω/Hz 孔，黑表笔插入 COM 孔，并将表笔与被测线路并联，读数即显示。

4. 交直流电流的测量：将量程开关拨至 DCV（直流）或 ACV（交流）的合适量程，红表笔插入 mA 孔（<200mA 时）或 20A 孔（>200mA 时，最大 20A），黑表笔插入 COM 孔，并将万用表串联在被测电路中即可。测量直流量时，数字万用表能自动显示极性。

5. 电阻的测量：将量程开关拨至合适量程，红表笔插入 V/Ω/Hz 孔，黑表笔插入 COM 孔。如果被测电阻值超出所选择量程的最大值，万用表将显示“1”，这时应选择更高的量程。测量电阻时，红表笔为正极，黑表笔为负极，这与指针式万用表正好相反。因此，测量晶体管、电解电容器等有极性的元器件时，必须注意表笔的极性。

6. 电容的测量：将量程开关转至电容档位上，被测电容插入电容测试插座。

7. 三极管 h_{FE} 测量：将量程开关置于 h_{FE} 档；决定所测晶体管为 NPN 型或 PNP 型，将发射极、基极、集电极分别插入相应插孔。

8. 二极管及通断测试：将黑笔插入 COM 孔，红笔插入 V/Ω/Hz 孔；将量程开关置于→|·)))档，并将表笔连接到待测二极管，读数为待测二极管正向压降的近似值；如果内置蜂鸣器发声，则两点之间的电阻值小于约（70±20）Ω。

9. 频率测量：将表笔或屏蔽电缆插入 COM 孔和 V/Ω/Hz 孔；将量程开关转到频率档上，将表笔或电缆跨接在信号源或被测负载上。

10. 电导测量：将黑笔插入 COM 孔，红笔插入 V/Ω/Hz 孔；将量程开关转到 nS 档上，将测试表笔连接到绝缘电阻上。

1.4.3 使用注意事项

1. 如果无法预先估计被测电压或电流的大小，则应先拨至最高量程档测量一次，再视情况逐渐把量程减小到合适位置。测量完毕，应将量程开关拨到最高电压档，并关闭电源。

2. 满量程时，仪表仅在最高位显示数字“1”，其他位均消失，这时应选择更高的量程。

3. 测量电压时，应将数字万用表与被测电路并联。测电流时应与被测电路串联，测交流量时不必考虑正、负极性。

4. 当误用交流电压档去测量直流电压，或者误用直流电压档去测量交流电压时，显示屏将显示“000”，或低位上的数字出现跳动。

5. 禁止在测量高电压（220V 以上）或大电流（0.5A 以上）时换量程，以防止产生电弧，烧毁开关触点。

6. 测量电容之前，必须对电容进行充分的放电。

7. 禁止在→|·)))档输入电压。

第二章 高频电子线路实验

2.1 实验注意事项

1. 实验前必须充分预习，完成指定的预习任务。注意和要求如下：

（1）认真阅读实验指导书。掌握实验电路的工作原理，并进行必要的估算。

（2）完成各实验“预习要求”中指定的内容。

（3）熟悉实验任务。

（4）复习实验中所用各仪器的使用方法及其注意事项。

2. 使用仪器和学习机前必须了解其性能、操作方法及其注意事项，在使用时应严格遵守。

3. 实验时接线要认真，相互仔细检查，确定无误才能接通电源，初学或没有把握时，应经指导教师审查同意后再接通电源。

4. 高频电路实验注意：

（1）将实验板插入主机插座后，即已接通地线，但实验板所需的正负电源则要另外使用导线进行连接。

（2）由于高频电路频率较高，分布参数及相互感应的影响比较大，所以，在接线时连线要尽可能短。接地点必须接触良好，以减少干扰。

（3）做放大器实验时如发现波形削顶失真甚至变成方波，

应检查工作点设置是否正确，或输入信号是否过大。

(4) 在示波器信号不清楚时，首先要调电平，其次检查电路连线是否正确以及接触是否良好，然后检查探头线的探头是否松动。

5. 实验时应注意观察，若发现有破坏性异常现象（如有元件冒烟、发烫或有异味），应立即关闭电源，保持现场，报告指导教师。找出原因，排除故障，经指导教师同意再继续实验。

6. 实验过程中需要改接线时，应关断电源后才能拆、接线。

7. 实验过程中应仔细观察实验现象，认真记录实验结果（如数据、波形、现象）。所记录的实验结果经指导教师审阅签字后再拆除实验线路。

8. 实验结束后，必须关断电源，拔出电源插头，并将仪器、设备、工具、导线等按规定整理。

9. 实验后每个同学必须按要求独立完成实验报告。

2.2 TPE - GP2 高频电路实验学习机说明

该学习机可完成通信电路基础课程中规定的多种实验。该机分为电源、信号源、电路实验区、电路开发区（面包板）等部分。外配 5 块实验板，每块实验板均安装透明保护罩，根据不同实验内容可随意选择实验板，并方便地插接到主板实验区中。

此学习机采用独特的两用板工艺，正面贴膜，印有原理图及符号，反面为印制导线，并焊有相应元器件，需要连接部分备有自锁紧式接插件，需要测量及观察的部分另设置有测试点，使用直观、可靠，维修方便、简捷。

本机的突出特点是使用灵活，便于管理与维修，并可随意扩充实验内容。

2.2.1　技术性能及配置

1. 电源：

输入 AC：220V ±10%。

输出 DCV：±12V/0.2A，±5V/0.2A，-8V/0.1A，五路均有过流保护，自动恢复功能。

2. 信号源（函数发生器）：

输出波形：正弦波、方波、三角波。

频率范围：2Hz～20KHz，分四档连续可调。

幅　　值：正弦波 V_{P-P}：0V～14V（14V 为峰—峰值，且正负对称）；

方波 V_{P-P}：0V～24V（24V 为峰—峰值，且正负对称）；

三角波 V_{P-P}：0V～24V（24V 为峰—峰值，且正负对称）。

频率范围：分四档 2Hz～20Hz、20Hz～200Hz、200Hz～2KHz，2KHz～20KHz。

3. 线路开发区：面包板 2 块。

4. 电路实验区：备有实验板 5 块。

5. 实验箱箱体：铝合金框架式结构。外形尺寸：370mm×300mm×120mm。

2.2.2　使用方法

1. 将标有 220V 的电源线插入市电插座，接通开关，电源指示灯亮表示学习机电源正常工作。

2. 连接线：实验箱面板上的插孔应使用专用接线，该连线插头可叠插使用，插入时顺时针旋转即可锁紧，松开时反向旋转即可拔出。注意：不能直拔。

3. 实验时先阅读实验指导书，在断开电源的状态下按实验线路接好连接线，检查无误后再接通主电源。

4. 根据实验板线路要求接入相应电源时必须注意电源极性。

2.2.3 维护及故障排除

1. 维护。

(1) 防止撞击跌落。

(2) 用完后拔下电源插头并盖好机箱，防止灰尘、杂物进入机箱。

(3) 做完实验后要将面板上的插件及连线全部整理好。

(4) 搭接线路时不要通电，以防误操作损坏器件。

2. 故障排除。

(1) 电源无输出：实验箱电源初级接有 0.5A 熔断器。当输出短路或过载时有可能烧断，更换熔断管时，必须保证同规格。

(2) 信号源异常（如无输出等），检查实验板接线或更换相应元器件。注意：打开实验板时必须拔出电源插头。

2.2.4 实验所需外配仪器设备

1. 示波器（60MHz 以上）。

2. 高频信号源（15MHz 以上）。

3. 频率计（100MHz 以上）。

4. 扫频仪（50MHz 以上）。

5. 高频毫伏表（20MHz 以上）。

6. 万用表。

2.3　实验一　单调谐放大器

2.3.1　实验内容

1. 搭建实际单调谐放大器。
2. 测试所搭建单调谐放大器。

2.3.2　实验目的与要求

1. 熟悉电子元器件和高频电路实验箱。
2. 熟悉谐振回路的幅频特性——通频带与选择性。
3. 熟悉信号源内阻及负载对谐振回路的影响，从而了解频带扩展。
4. 熟悉和了解放大器的动态范围及其测试方法。

2.3.3　预习要求

1. 复习谐振回路的工作原理。
2. 了解谐振放大器的电压放大倍数、动态范围、通频带及选择性相互之间的关系。
3. 实验电路中，若电感量 $L = 1\mu h$，回路总电容 $C = 220pf$（分布电容包括在内），计算回路中心频率 f_0。

2.3.4　实验设备

1. 双踪示波器。
2. 扫频仪。
3. 高频信号发生器。
4. 毫伏表。
5. 万用表。

6. 实验板 G1。

2.3.5 仪器使用说明

1. 将实验板插入主机插座后，即已接通地线，但实验板所需的正负电源则要另外使用导线进行连接。

2. 由于高频电路频率较高，分布参数及相互感应的影响比较大，所以在接线时连线要尽可能短。接地点必须接触良好，以减少干扰。

2.3.6 实验原理

小信号调谐放大器是各种电子设备、发射和接收机中广泛应用的一种电压放大器。它的主要特点是晶体管的输入输出回路（即负载）不是纯电阻，而是由 L、C 元件组成的并联谐振回路。

小信号调谐放大器的类型很多，按调谐回路区分有单调谐回路、双调谐回路和参差调谐回路放大器三种。按晶体管连接方法区分有共基极、共发射极和共集电极放大器三种。在实用上，构成形式根据不同设计要求而不同。

小信号谐振放大器主要用于高频小信号或微弱信号的线性放大。其电路如图 2－1 所示，该电路由晶体管 V、选频回路等部分组成。小信号谐振放大器不仅对高频小信号进行放大，而且还有选频滤波作用，其中，基极偏置电阻和射极电阻决定晶体管的静态工作点，可以改变基极偏置电阻以改变晶体管的静态工作点，从而改变放大器的有关性能。

高频小信号调谐放大器的主要性能指标有谐振频率 f_0，谐振电压放大倍数 A_{u0}，放大器的通频带 BW 及选择性（通常用矩形系数 Kr 0.1 来表示）等。

放大器各项性能指标及测量方法如下：

1. 谐振频率。放大器的调谐回路谐振时所对应的频率 f_0 称为放大器的谐振频率，对于图 2－1 所示电路，f_0 的表达式为：

$$f_0=\frac{1}{2\pi\sqrt{LC_{\Sigma}}}$$

式中，L 为调谐回路电感线圈的电感量，C_{Σ} 为调谐回路的总电容，其表达式为：

$$C_{\Sigma}=C+P_1^2C_{oe}+P_2^2C_{ie}$$

式中，C_{oe}为晶体管的输出电容；C_{ie}为下级放大器的输入电容；P_1 为初级线圈抽头系数；P_2 为次级线圈抽头系数。

2. 电压放大倍数。放大器的谐振回路谐振时，所对应的电压放大倍数，A_{u0} 称为调谐放大器的电压放大倍数。A_{u0} 的表达式为：

$$A_{u0}=-\frac{u_0}{u_i}=\frac{-p_1p_2y_{fe}}{g_{\Sigma}}=\frac{-p_1p_2y_{fe}}{p_1^2g_{oe}+p_2^2g_{ie}+G}$$

式中，y_{fe}为晶体管正向传输导纳；g_{Σ} 为谐振时的总电导；g_{oe}为输出电导；g_{ie}为输入电导；G 为 LC 回路损耗电导。

3. 通频带。由于谐振回路的阻抗特性，当工作频率偏离谐振频率时，放大器的电压放大倍数下降，习惯上称电压放大倍数 A_u 下降到谐振电压放大倍数 A_{u0} 的 0.707 倍时所对应的频率为半功率点频率，两个半功率点频率之差称为放大器的通频带 B 0.7，其表达式为：

$$B\,0.7=2\Delta f\,0.7=f_0/Q_L$$

式中，Q_L 为谐振回路的有载品质因数。

分析表明，放大器的谐振电压放大倍数 A_{u0} 与通频带 BW 的关系为：

$$A_{u0}\cdot BW=\frac{|y_{fe}|}{2\pi C_{\Sigma}}$$

上式说明，当晶体管及电路选定，即 y_{fe} 确定且回路总电容 C_{Σ} 为定值时，谐振电压放大倍数 A_{u0} 与通频带 BW 的乘积为一常数。

通频带越宽，放大器的电压放大倍数越小。要想得到一定宽度的通频宽，同时又能提高放大器的电压增益，除了选用 y_{fe} 较大的晶体管外，还应尽量减小调谐回路的总电容量 C_{Σ}。如果放大器只是用来放大接收天线的某一固定频率的微弱信号，则可减小通频带，尽量提高放大器的增益。

4. 选择性——矩形系数。调谐放大器的选择性可用谐振曲线的矩形系数 Kr 0.1 来表示，可以通过测量调谐放大器的谐振曲线来求矩形系数 Kr 0.1。矩形系数 Kr 0.1 为电压放大倍数下降到 0.1 A_{u0} 时，对应的频率偏移与电压放大倍数下降到 0.707 A_{u0} 时，对应的频率偏移之比，即

$$Kr\,0.1 = 2\triangle f\,0.1 / 2\triangle f\,0.7 = 2\triangle f\,0.1/BW$$

上式表明，矩形系数 Kr 0.1 越接近于 1，谐振曲线的形状越接近矩形且选择性越好，反之亦然。一般单级调谐放大器的选择性较差（矩形系数 Kr 0.1 =9.95）。为提高放大器的选择性，通常采用多级单调谐回路的谐振放大器。

2.3.7　实验方法与步骤

1. 实验电路见图 2－1。

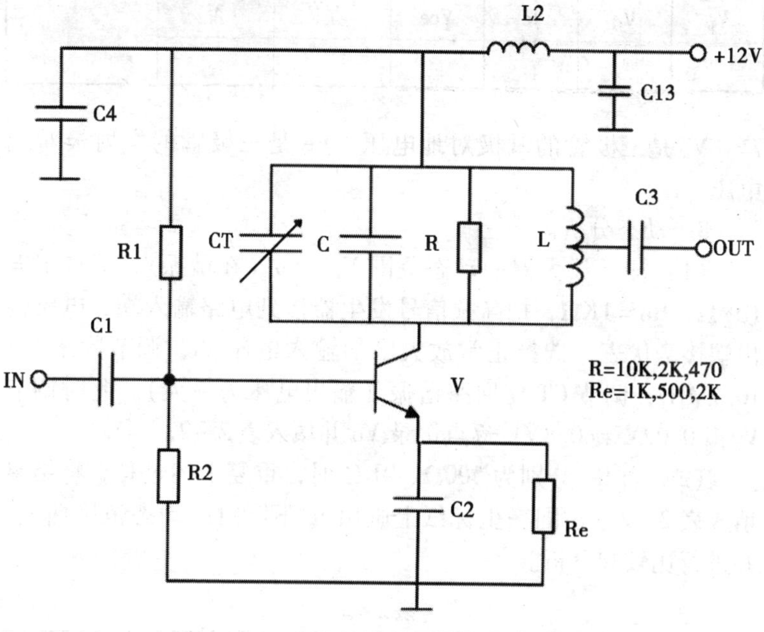

图 2－1　单调谐回路谐振放大器原理图

按图 2－1 所示连接电路，接线后认真检查，确认无误后接通电源。

注意：接线前先测量 +12V 电源电压，无误后关断电源再接线。

2. 静态测量。实验电路中选 Re = 1K，R = 10K，测量各静态工作点，计算并填表 2－1。

表 2-1

实测		实测计算		根据 Vce 判断 V 是否工作在放大区		原因
V_b	Ve	Ic	Vce	是	否	

V_b 是三极管的基极对地电压，Ve 是三极管的发射极对地电压。

3. 动态分析。

（1）测量放大器的动态范围 V_i ~ Vo（在谐振点）。选 R = 10KΩ，Re = 1KΩ，把高频信号发生器接到电路输入端，电路输出端接毫伏表，选择正常放大区的输入电压 Vi，调节频率 f = 10.7MHz，调节 CT 使回路谐振（输出电压为最大）。此时调节 V_i 由 0.02V 到 0.8V，逐点记录 Vo 并填入表 2-2。

（2）当 Re 分别为 500Ω、2KΩ 时，重复上述过程，将结果填入表 2-2。在同一坐标纸上画出 Ic 不同时的动态范围曲线，并进行比较和分析。

表 2-2

V_{ip-p}		0.02							0.8
V_{op-p}	Re = 1KΩ								
	Re = 500Ω								
	Re = 2KΩ								

（3）测量放大器的频率特性。当回路电阻 R = 10KΩ、Re = 1KΩ 时，选择正常放大区的输入电压 V_i，将高频信号发生器输出端接至电路输入端，调节频率 f = 10.7MHz，调节 CT 使回路谐振（输出电压为最大），此时的回路谐振频率 f = 10.7MHz 为中

心频率，然后保持输入电压 V_i 不变，改变频率 f 由中心频率向两边逐点偏离，测出在不同频率 f 时对应的输出电压 Vo，将测得的数据填入表 2－3（频率偏离范围可根据实测情况来确定）。

（4）改变谐振回路电阻，即 R 分别为 2KΩ，470Ω 时，重复上述测试，并填入表 2－3。

表 2－3

f（MHz）					10.7				
Vop－p	R＝10KΩ								
	R＝2KΩ								
	R＝470Ω								

计算 f＝10.7MHz 时的电压放大倍数及回路的通频带和 Q 值。

2.3.8 实验报告要求

1. 写明实验目的。
2. 写明实验仪器、设备的名称和型号。
3. 画出实验电路的直流和交流等效电路并计算直流工作点，与实验实测结果作比较。
4. 整理实验数据，并画出单调谐回路接不同回路电阻时的幅频特性，观察不同点，并分析原因。

2.3.9 参考资料

参考书：

1. 谢嘉奎. 电子线路（非线性部分）. 北京：高等教育出版社，2006

2. 杜武林. 高频电路原理与分析. 西安：西安电子科技大

学出版社，1999

2.3.10 思考题

1. 计算本放大器的动态范围（放大器动态范围即放大倍数下降 1dB 的折弯点 Vo），并讨论 Ic 对动态范围的影响。

2. 总结实验过程中出现的问题。

2.4 实验二 高频功率放大器（丙类）

2.4.1 实验内容

1. 了解丙类功率放大器基本工作原理。

2. 测量丙类功率放大器静态工作点及有关动态数据。

2.4.2 实验目的与要求

1. 了解丙类功率放大器的基本工作原理，掌握丙类功率放大器的计算与设计方法。

2. 了解电源电压 Vc 与集电极负载对功率放大器功率和效率的影响。

2.4.3 预习要求

1. 复习功率谐振放大器原理及特点。

2. 分析图 2 -6 所示的实验电路，说明各元器件的作用。

2.4.4　实验设备

1. 双踪示波器。
2. 高频信号发生器（全数字函数发生器）。
3. 万用表。
4. 实验板 G2。

2.4.5　仪器使用说明

1. 将实验板插入主机插座后，即已接通地线，但实验板所需的正负电源则要另外使用导线进行连接。

2. 由于高频电路频率较高，分布参数及相互感应的影响比较大。所以，在接线时连线要尽可能短。接地点必须接触良好，以减少干扰。

2.4.6　实验原理

高频功率放大器可分为窄带放大器和宽带放大器两类。

晶体管高频功率放大器的原理电路如图 2－2 所示，由晶体管、输出谐振回路和输入回路三部分组成。

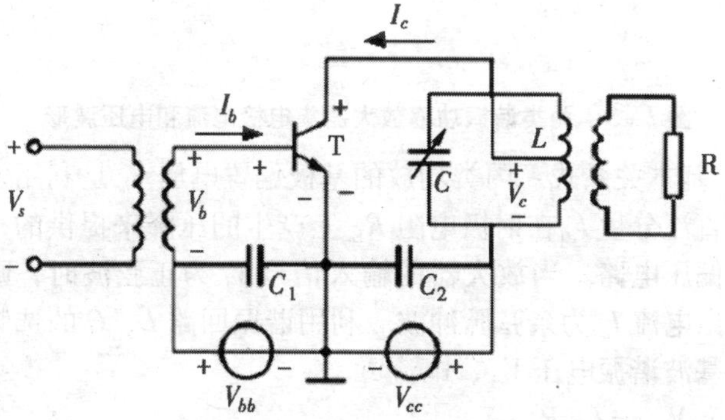

图 2－2　高频功率放大器原理电路

谐振式高频功率放大器的特点：一是为了提高效率，放大器常工作于丙类状态，晶体管发射结为反向偏置，由 E_b（V_{bb}）来保证，流过晶体管的电流为余弦脉冲波形；二是负载为谐振回路，除了确保从电流脉冲波中取出基波分量，获得正弦电压波形外，还能实现放大器的阻抗匹配。

可见 LC 谐振回路不仅起到了选频和滤波作用，而且还起到了完成阻抗匹配的作用。

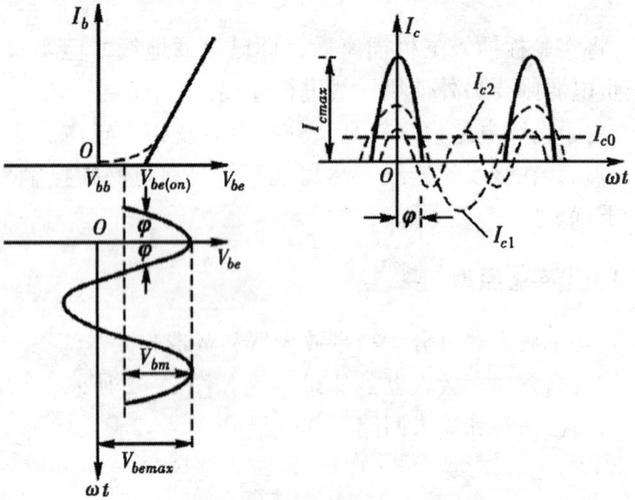

图 2－3　丙类谐振功率放大器集电极电流和电压波形

1. 基本关系式。丙类功放的基极偏置电压 V_{be} 是利用发射极电流的直流分量 I_{e0} 在射极电阻 R_E 上产生的压降来提供的，故称为自给偏压电路。当放大器的输入信号 V_i 为正弦波时，则集电极的输出电流 I_c 为余弦脉冲波。利用谐振回路 L、C 的选频作用可输出基波谐振电压 V_{c1}、电流 I_{c1}。

（1）$V_{c1m}=I_{c1m}R_0$

式中，V_{c1m}：集电极输出的谐振电压即基波电压的振幅；

I_{c1m}：集电极基波电流的振幅；

R_0：集电极回路的谐振阻抗。

（2）集电极输出功率

$$P_c = \frac{1}{2} V_{c1m} I_{c1m} = \frac{1}{2} I_{c1m}^2 R_0 = \frac{V_{cm}^2}{2R_0}$$

式中，V_{cm}：集电极输出的交流电压的振幅。

$$V_{cm} = V_{cc} - I_{cq} R_{e1} - V_{ce(sat)}$$

式中，$V_{ce(sat)}$称为饱和压降。

（3）电源V_{cc}供给的直流功率$P_d = V_{cd} I_{co}$

式中，I_{co}：集电极电流脉冲i_c的直流分量。

$I_{co} = I_{cm}\cos\theta \qquad I_{cm} = I_{c1m}/\cos\theta$

$V_{be(on)} = V_{bb} + V_{bm}\cos\theta \qquad V_{bm} = (I_{sm} - I_{b1m}) R_{e1}$

式中，$V_{be(on)}$：晶体管导通电压（硅管约0.6V）；

V_{bm}：输入电压（或激励电压）的振幅；

V_{bb}：基极直流偏压。

$V_{bb} = -I_{co} R_e$

（4）放大器的效率η为

$$h = P_o / P_d$$

（5）丙类功放的输出回路采用了变压器耦合方式，其等效电路如图2-4所示。

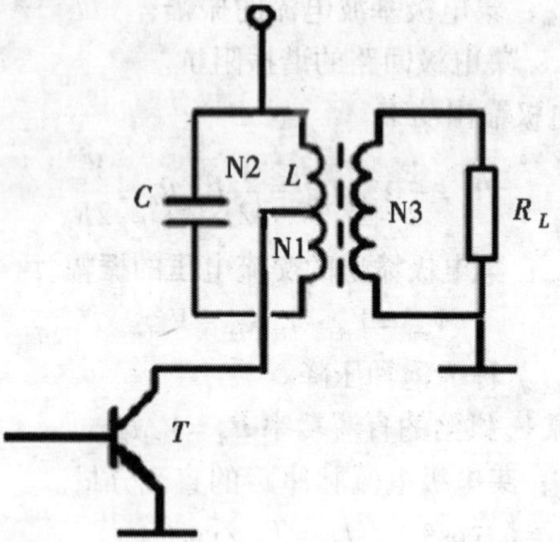

图 2－4　变压器耦合电路

集电极谐振回路为部分接入，谐振频率为：

$$\omega_0 = \frac{1}{\sqrt{LC}} 或 f_0 = \frac{1}{2\pi\sqrt{LC}}$$

谐振阻抗与变压器线圈匝数比为

$$\frac{N_3}{N_1} = \sqrt{\frac{2P_O R_L}{V_{c1m}}} = \sqrt{\frac{R_L}{R_O}} \qquad \frac{N_2}{N_3} = \sqrt{\frac{\omega_0 L}{R_L} Q_L}$$

式中，N_1：集电极接入刻级的匝数；

N_2：初级线圈总匝数；

N_3：次级线圈总匝数；

Q_L：初级回路有载品质因数，一般取值为 2～10。

丙类功放的输入回路亦采用变压器耦合方式，以便输入阻抗与前级输出阻抗匹配。

2．负载特性：当功率放大器的 V_{cc}，V_{bb}，V_{bm} 确定后，如果电流导通角 θ 选定，则放大器的工作状态只取决于集电极回路的等效负载电阻 R_e。谐振功率放大器的交流负载特性如图 2－5

所示。

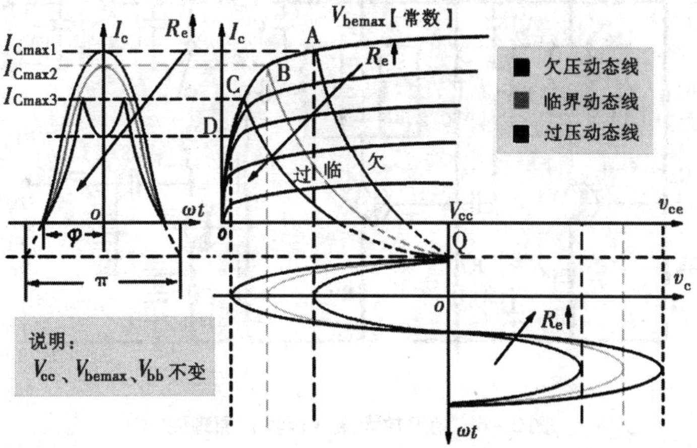

图 2-5　谐振功放的负载特性

由图 2-5 可见，当交流负载线正好穿过静态特性曲线的转折点 B 时，管子的集电极电压正好等于管子的饱和压降 $V_{ce(sat)}$，集电极电流脉冲接近最大值 I_{cm}。此时 P_c 和效率 η 都较高，放大器处于临界工作状态。放大器处于欠压工作状态，如 A 点所示集电极输出电流虽然较大，但集电极电压较小，因此输出功率和效率都较小。放大器处于过压工作状态，如 C 点所示集电极电压虽然较大，但集电极电流波形凹陷，因此输出功率较低，但效率较高。为了兼顾输出功率和效率的要求，谐振功率放大器通常选择在临界工作状态。判断放大器是否为临界工作状态的条件是 $V_{cc} - V_{cm} = V_{ce(sat)}$。

2.4.7　实验步骤

1. 实验电路（见图 2-6）。

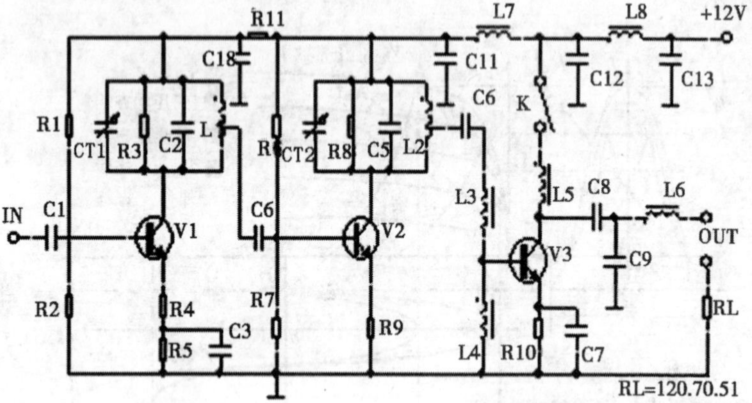

图 2－6　功率放大器（丙类）原理图

按图接好实验板所需电源 $V_{cc}=12V$、示波器及高频信号发生器（全数字函数发生器）；调节输入电压为 $V_i=30mV$（$V_{P-P}=60mV$），$f_i=6.5MHz$ 的信号；加负载75Ω后通电，调节可变电容使电路谐振（CD 短接，螺丝刀调节可变电容 CT1，在 A 处用示波器观察波形，使输出幅度最大，之后螺丝刀调节可变电容 CT2，在输出端 OUT 处用示波器观察波形，使输出幅度最大）。

2. 在输入端接 $f_i=6.5MHz$、$V_i=60mV_{P-P}$ 信号（由数字函数发生器读出），测量各工作电压，同时用示波器测量 V3 管输出峰值电压，将测量值填入表 2－4 内。

注：V_b、V_e、V_{ce}、V_c 均为输出级 V3 的静态工作点。

V_b、V_{ce}、V_c 用万用表测量。

$V_e=V_c-V_{ce}$、$I_{c0}=I_e=I_c=V_e/R_{10}$　$R_{10}=10\Omega$。

表 2－4

$f_i=f_0$			实测				实测计算				
			V_b	V_c	V_{ce}	V_0	I_{c0}	P_i	P_0	P_c	η
$V_c=12V$	$V_i=$ 30mV	$R_L=50\Omega$									
		$R_L=75\Omega$									
		$R_L=120\Omega$									
	$V_i=$ 80mV	$R_L=50\Omega$									
		$R_L=75\Omega$									
		$R_L=120\Omega$									
$V_c=5V$	$V_i=$ 30mV	$R_L=50\Omega$									
		$R_L=75\Omega$									
		$R_L=120\Omega$									
	$V_i=$ 80mV	$R_L=50\Omega$									
		$R_L=75\Omega$									
		$R_L=120\Omega$									

其中：V_0：输出电压峰—峰值。

I_{c0}：i_C 的直流分量，通过电源的总电流。

P_d：电源给出总功率（$P_d=V_{cc}I_{c0}$）。

V_{cc}：电源电压。

P_0：输出功率（$V_{0m}{}^2/R_L$）。

P_c：管子损耗功率。

3. 加 75Ω 负载电阻，同 2 测试并填入表 2－4 内。

4. 加 120Ω 负载电阻，同 2 测试并填入表 2－4 内。

5. 改变输入端电压 $V_i=80mV$，同 2、3、4 测试并填入表2－4 内。

6. 改变电源电压 $V_{cc}=5V$，同2、3、4、5 测试并填入表2-4内。

2.4.8 实验报告要求

1. 根据实验测量结果，计算各种情况下 I_C、P_D、P_0、η。
2. 说明电源电压、输出电压、输出功率的相互关系。
3. 总结在功率放大器中对功率放大晶体管有哪些要求。
4. 实验中出现的问题及处理方法。

2.4.9 参考资料

参考书：

1. 谢嘉奎. 电子线路（非线性部分）. 北京：高等教育出版社，2006

2. 杜武林. 高频电路原理与分析. 西安：西安电子科技大学出版社，1999

2.4.10 思考题

1. 说明电源电压、输出电压、输出功率之间的相互关系。
2. 总结在功率放大器中对功率放大晶体管有哪些要求。

2.5 实验三 LC 电容反馈三点式振荡器

2.5.1 实验内容

1. 搭建三点式振荡电路。
2. 对三点式振荡器进行测试。

2.5.2 实验目的与要求

1. 掌握 LC 三点式振荡器电路的基本原理，掌握 LC 电容反馈三点式振荡器电路设计及电参数的计算。

2. 掌握振荡回路 Q 值对频率稳定度的影响。

3. 掌握振荡器反馈系数不同时，静态工作电流 IEQ 对振荡器起振及振幅的影响。

2.5.3 预习要求

1. 复习 LC 振荡器的工作原理。

2. 分析图 2－8 电路的工作原理及各元件的作用，并计算晶体管静态工作电流 I_c 的最大值（设晶体管的 $\beta=50$）。

3. 实验电路中，$L1=3.3\mu h$，若 $C=120pf$，$C'=680pf$，计算当 $CT=50pf$ 和 $150pf$ 时振荡频率各为多少?

2.5.4 实验设备

1. 双踪示波器。

2. 频率计。

3. 万用表。

4. TPE－GP2 型高频电路实验学习机。

5. 实验板 G1。

2.5.5 仪器使用说明

1. 将实验板插入主机插座后，即已接通地线，但实验板所需的正负电源则要另外使用导线进行连接。

2. 由于高频电路频率较高，分布参数及相互感应的影响比较大，所以，在接线时连线要尽可能短。接地点必须接触良好，以减少干扰。

2.5.6 实验原理

正弦波是电子技术、通信和电子测量等领域中应用最广泛的波形之一。能够产生正弦波的电路称为正弦波振荡器。通常按工作原理的不同，正弦振荡器分为反馈型和负阻型两种，前者应用更为广泛。

反馈型振荡器的原理框图如图 2－7 所示。反馈型振荡器是一个由主网络和反馈网络构成的闭合环路。当接通电源时，振荡电压是不会立即建立起来的，而必须经历一段振荡电压从无到有逐步增长的过程，直到进入平衡状态，使振荡电压的振幅和频率维持在相应的平衡值上。即使有外界不稳定因素的影响，振幅和频率也仍应稳定在原平衡值附近，而不会产生突变或停止振荡。

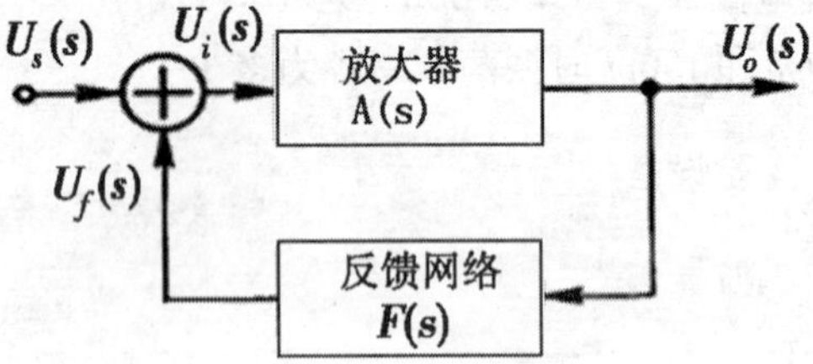

图 2－7 反馈型振荡器的原理框图

图中：$A_f = \dfrac{U_o(s)}{U_s(s)}$　　　$A(s) = \dfrac{U_o(s)}{U_i(s)}$

$F(s) = \dfrac{U_f(s)}{U_o(s)}$　　　$U_i(s) = U_s(s) + U_f(s)$

可得反馈型振荡器的闭环增益为：

$$A_f(s) = \frac{A(s)}{1 - A(s)F(s)}$$

1. 建立与起振条件。为了使振荡过程中输出幅度不断增加，应使反馈回来的信号比输入到放大器的信号大，振荡开始时应为

增幅振荡，即

$$|A(j\omega)F(j\omega)| = \frac{U_f}{U_i} > 0$$

可知起振条件为：$|A(j\omega)F(j\omega)| > 1 \quad \phi_a + \phi_f = 2n\pi(n = 0,1,2,\cdots)$。

分别称为起振的振幅条件和相位条件，起振的相位条件为正反馈条件。

2. 振荡的平衡和平衡条件。振荡器振荡平衡状态时，$U_I = U_F = AFU_I$，所以

$$|A\ (j\omega)\ F\ (j\omega)| = AF = 1$$

$$\phi_a + \phi_f = 2n\pi\ (n = 0,\ 1,\ 2,\ \cdots)$$

分别称为振幅平衡条件和相位平衡条件。

3. 振荡平衡状态的稳定条件。

(1) 振荡器振荡平衡状态的稳定条件分为振幅稳定条件和相位稳定条件。当振荡平衡时，$U_I = U_F$；若某种原因导致 U_I 增大，只有 AF 减小，才能使 U_F 减小，进而使 U_I 减小。所以在平衡振点 A，幅度稳定条件为：

$$\left.\frac{\partial\ (AF)}{\partial U_f}\right|_{U_f = U_{iA}} < 0$$

如果 F 不变，则有：

$$\left.\frac{\partial\ (A)}{\partial U_f}\right|_{U_f = U_{iA}} < 0$$

(2) 当振荡平衡时，$\varphi = \varphi_a + \varphi_f = 2n\pi$；若某种原因导致 φ 增大，相当于 ω 增大；只有减小 ω，才能使 φ 减小。所以相位稳定条件为：

$$\left.\frac{\partial\varphi}{\partial\omega}\right|_{\omega = \omega_f} = \frac{\partial\varphi_f}{\partial\omega} < 0$$

2.5.7 实验方法与步骤

实验电路见图2－8，实验前根据图2－8所示原理图在实验板上找到相应器件及插孔并了解其作用。

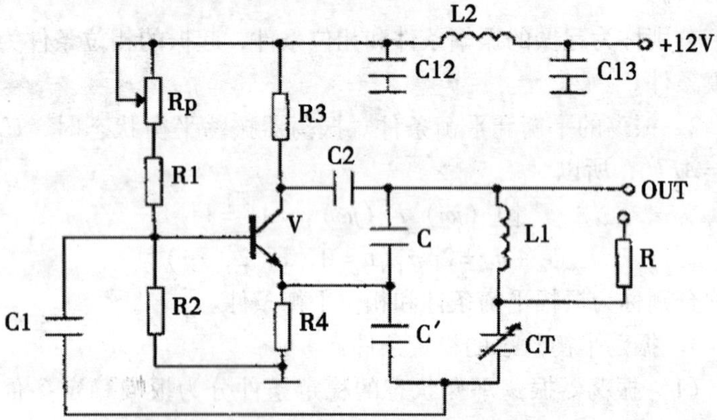

图2－8 LC电容反馈三点式振荡器原理图

按图2－8所示连接电路，接线后认真检查，确认无误后接通电源。

1. 检查静态工作点。

(1) 在实验板+12V插孔上接入+12V直流电源。注意：电源极性不能接反。

(2) 反馈电容C不接，C′（$C'=680pf$）接入，用示波器观察振荡器停振时的情况。注意：连接C′的接线要尽量短。

(3) 改变电位器Rp，测得晶体管V的发射极电压V_e（V_e可连续变化），记下V_e的最大值，计算I_E值。公式：$I_E=V_e/R_E$（设$R_E=1K\Omega$）。

2. 振荡频率与振荡幅度的测试。

实验条件：$I_e=2mA$，$C=120pf$，$C'=680pf$，$R=110K\Omega$

（1）改变 C_T 电容，当分别接为 C9、C10、C11 时，记录相应的频率值，并填入表 2－5。

（2）改变 C_T 电容，当分别接为 C9、C10、C11 时，用示波器测量相应振荡电压的峰—峰值 Vp－p，并填入表 2－5。

表 2－5

C_T	f（MHz）	V_{P-P}
51pf		
100pf		
150pf		

3. 测试当 C，C′不同时，起振点、振幅与工作电流 IEQ（静态工作点）的关系。

实验条件：R＝110KΩ。

（1）取 C＝C3＝100pf，C′＝C4＝1200pf，C_T＝100pf，调电位器 Rp 使 IEQ 分别为表 2－6 所标各值，用示波器测量输出振荡幅度 V_{P-P}峰—峰值，并填入表 2－6。

（2）C＝C5＝120pf，C′＝C6＝680pf；C＝C7＝680pf，C′＝C8＝120pf。

分别重复测试表 2－6。

表 2－6

IEQ（mA）	0.8	1.0	1.5	2.0	2.5	3.0	3.5	4.0	4.5	5.0
V_{P-P}（V）										

4. 频率稳定度的影响。

（1）回路 LC 参数固定时，改变并联在 L 上的电阻使等效 Q 值变化时，对振荡频率的影响。

实验条件：C_T = 100pf，f = 6.5MHz 时（C/C′ = 100/1200pf），I_{EQ} = 3mA，改变 L 的并联电阻 R，使其分别为 1KΩ、10KΩ、110KΩ，分别记录电路的振荡频率，并填入表 2－7。

注意：频率计后几位跳动变化的情况。

Q ~ f　　　　　　　　表 2－7

R	1KΩ	10KΩ	110KΩ
f（MHz）			

（2）回路 LC 参数及 Q 值不变，改变 I_{EQ} 对频率的影响。

实验条件：C_T = 100pf，f = 6.5MHz（C/C′ = 100/1200pf），R = 110KΩ。

改变晶体管 I_{EQ} 使其分别为表 2－6 所标各值，测出振荡频率，并填入表 2－8。

I_{EQ} ~ f　　　　　　　　表 2－8

I_{EQ}（mA）	1	2	3	4
f（MHz）				

2.5.8　实验报告要求

1. 写明实验目的。
2. 写明实验仪器、设备的名称和型号。
3. 画出实验电路的直流与交流等效电路，整理实验数据，分析实验结果。
4. 以静态点工作电流 I_{EQ} 为横轴，输出电压峰峰值 Vp－p 为纵轴，将不同 C/C′值下测得的三组数据在同一坐标纸上绘制成曲线。

2.5.9　参考资料

参考书：

1. 谢嘉奎. 电子线路（非线性部分）. 北京：高等教育出版社，2006

2. 杜武林. 高频电路原理与分析. 西安：西安电子科技大学出版社，1999

2.5.10　思考题

说明本振荡电路的特点。

2.6　实验四　振幅调制器（利用乘法器）

2.6.1　实验内容

利用集成模拟乘法器实现全载波调幅和抑制载波双边带调幅。

2.6.2　实验目的与要求

1. 掌握用集成模拟乘法器实现全载波调幅和抑制载波双边带调幅的方法与过程，并研究已调波与两个输入信号的关系。

2. 掌握测量调幅系数的方法。

3. 通过实验中波形的变换学会分析实验现象。

2.6.3　预习要求

1. 预习幅度调制器有关知识。

2. 认真阅读实验指导书，了解实验原理及内容，分析实验电路中用 1496 乘法器实现幅度调制的工作原理。

3. 分析全载波调幅及抑制载波调幅信号特点，并画出其频谱图。

2.6.4 实验设备

1. 双踪示波器。
2. 高频信号发生器。
3. 万用表。
4. 实验板 G3。

2.6.5 仪器使用说明

1. 将实验板插入主机插座后，即已接通地线，但实验板所需的正负电源则要另外使用导线进行连接。

2. 由于高频电路频率较高，分布参数及相互感应的影响比较大，所以在接线时连线要尽可能短。接地点必须接触良好，以减少干扰。

2.6.6 实验原理

振幅调制电路有两个输入信号：一是输入的低频调制信号，是所需传输的信息。二是输入高频等幅信号（又称载波信号）。幅度调制就是载波的振幅受调制信号的控制而变化，即振幅变化与调制信号的变化成正比。本实验是基于模拟乘法器的振幅调制电路。

1. 普通调幅波。振幅调制是用需传送的信息（调制信号）$u_{\Omega}(t)$去控制高频载波 $u_c(t)$的振幅，使其随调制信号 $u_{\Omega}(t)$线性变化。若载波信号电压为 $u_c(t)=U_{cm}=\cos\omega_c t$，调制信号为 $u_{\Omega}(t)$。

则普通调幅波的振幅为 $U_o'(t)=U_{cm}+k_a u_{\Omega}(t)$。

普通调幅波的数学表达式为 $U_o(t)=[U_{cm}+k_a u_{\Omega}(t)]\cos\omega_c t$。

单音调制：若 $u_{\Omega}(t)=u_{\Omega m}\cos\Omega t$。

单频调幅波的振幅为：$U_o'(t)=U_{cm}(1+M_a\cos\Omega t)$称为包络函数。

则单频调幅波的数学表达式为：$U(t)=U_{cm}(1+M_a\cos\Omega t)\cos\omega_c t$

其中，$M_a=\dfrac{k_aU_{\Omega m}}{U_{cm}}$为调幅指数（调幅度），$k_a$为比例系数。普通调幅波的波形如图2－9所示。

可以看出，已调幅波的包络形状与调制信号一样。从调幅波的波形上看出包络的最大值$U_{m\max}$和最小值$U_{m\min}$分别为：

$U_{m\max}=U_{cm}(1+m_a)$　　$U_{m\min}=U_{cm}(1-m_a)$

故可得：$M_a=\dfrac{U_{m\max}-U_{m\min}}{U_{m\max}+U_{m\min}}\times100\%$

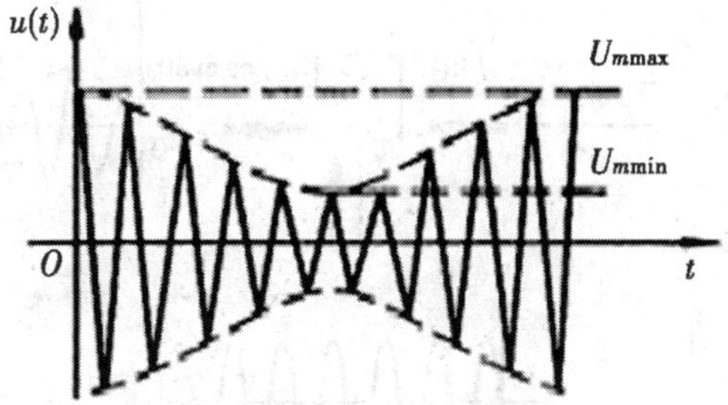

图2－9　普通调幅波的波形图

载波分量并不包含信息，调制信号的信息只包含在上下边频内。实际上，调制信号是包含多个频率的复杂信号，如调幅广播所传送的语音信号频率约为50Hz至4.5KHz，调制后，各个语音频率产生各自的上边频和下边频，迭加后形成上边频带和下边频带，且上、下边频幅度相等且成对出现。

调幅过程实质上是一种频谱搬移过程。经过调制后，调制信号的频谱由低频被搬移到载频附近，成为上、下边频带。

2. 抑制载波的双边带调幅。因为载波不包含信息，为了减少不必要的功率浪费，可以只发射上、下边频，而不发射载波，称为（抑制载波的双边带调幅信号）用 DSB 表示。这种信号的数学表达式为

$$u_o(t) = u_\Omega(t)u_c(t) = A_M U_{\Omega m} U_{cm} \cos\Omega t \cos\omega_c t$$
$$= \frac{1}{2} A_M U_{\Omega m} U_{cm} [\cos(\omega_c + \Omega) t + \cos(\omega_c - \Omega) t]$$

双边带调幅信号的振幅为 $A_M U_{\Omega m} U_{cm} \cos\Omega t$，而普通调幅波高频信号的振幅为 U_{cm} $(1 + M_a \cos\Omega t)$，显然双边带的振幅 $A_M U_{\Omega m} U_{cm} \cos\Omega t$ 有正有负，而普通调幅波在 $M_a \leqslant 1$ 时振幅不可能出现负值。单频调制的双边带调幅波各信号波形如图 2－10 所示。

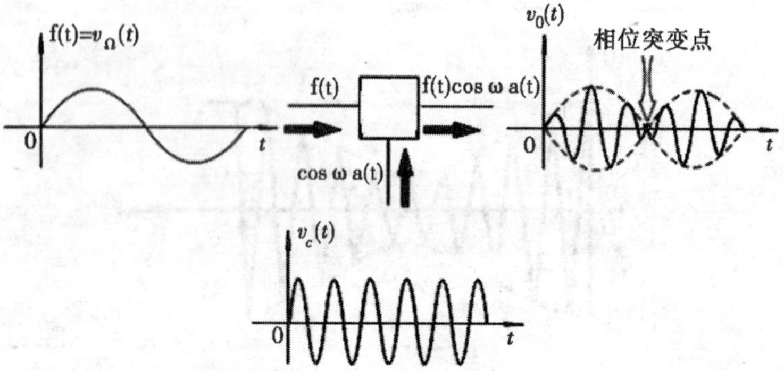

图 2－10　双边带调幅信号的波形

双边带调幅信号的包络仍然是随调制信号变化的，但它的包络已不能完全准确地反映低频调制信号的变化规律。双边带信号在调制信号的负半周，已调波高频与原载波反相；调制信号的正半周，已调波高频与原载频同相；双边带信号的高频相位在调制电压过零点处跳变 180°。另外，双边带调幅波和普通调幅波所占有的频谱宽度是相同的，为 2Fmax。

因为双边带信号不包含载波，所以发送的全部功率都载有信息，功率有效利用率高。

3. 单边带调幅。双边带调幅波两个边带都包含调制信号的信息，所以可以进一步把其中的一个边带抑制掉，而只发射一个边带，这就是单边带调幅波，用 SSB 表示。其数学表达式为：

$$u(t)=\begin{cases}\frac{1}{2}A_M U_{\Omega m}U_{cm}[\cos(\omega_c+\Omega)t]\\ \frac{1}{2}A_M U_{\Omega m}U_{cm}[\cos(\omega_c-\Omega)t]\end{cases}$$

单边带调幅波的频谱宽度只有双边带的一半，频带利用率高，是一种常用的调制方式。对于单频调制的单边带信号，它是等幅波，但它与原载波电压是不同的，含有传送信息的特征。

可以看出，普通调幅波、双边带调幅波和单边带调幅波都含有调制信号和载波的乘积项，所以，可以用模拟乘法器来构成调幅器。

4. 实验电路说明。本实验采用集成模拟乘法器 1496 来构成调幅器，图 2－11 为 1496 芯片内部电路图，它是一个四象限模拟乘法器的基本电路。电路采用了两组差分对由 V1～V4 组成，以反极性方式相连接，而且两组差分对的恒流源又组成一对差分电路，即 V5 与 V6，因此恒流源的控制电压可正可负，以此实现了四象限工作。D、V7、V8 为差分放大器 V5、V6 的恒流源。进行调幅时，载波信号加在 V1～V4 的输入端，即引脚的 8、10 之间；调制信号加在差分放大器 V5、V6 的输入端，即引脚的 1、4 之间，2、3 脚外接 1KΩ 电阻，以扩大调制信号动态范围，已调制信号取自双差分放大器的两极电极（即引出脚 6、12 之间）输出。

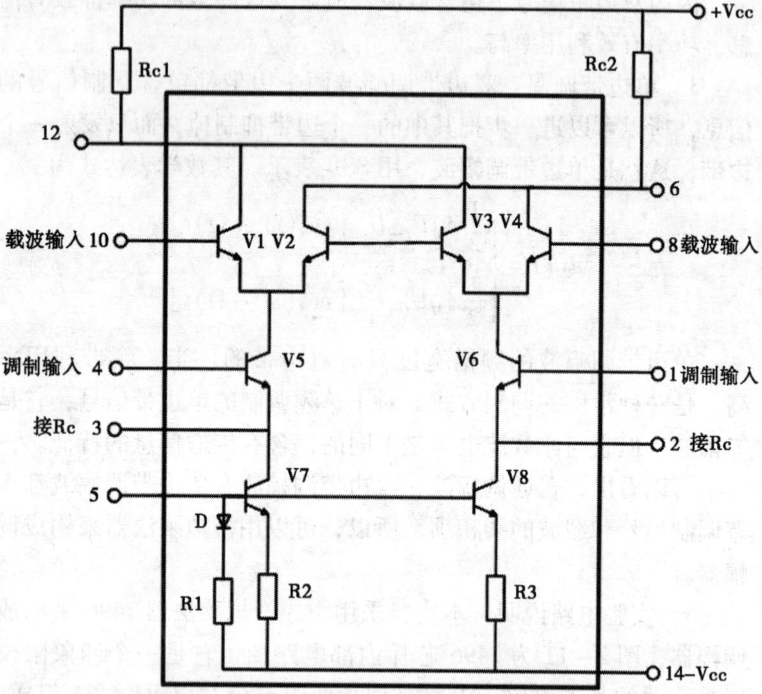

图 2-11　1496 芯片内部电路图

用 1496 集成电路构成的调幅器电路图如图 2-12 所示，图中 Rp1 用来调节引出脚 1、4 之间的平衡，Rp2 用来调节 8、10 脚之间的平衡，三极管 V 为射极跟随器，以提高调幅器带负载的能力。

2.6.7　实验方法与步骤

实验电路见图 2-12 所示。

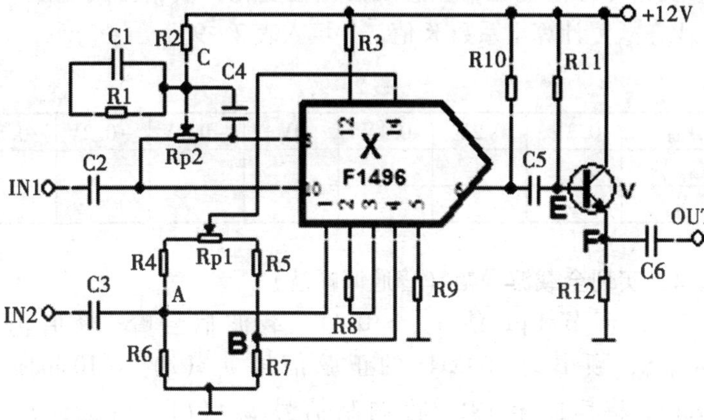

图 2-12 1496 构成的调幅器

实际的实验电路板上需接入 +12V 及 -8V 电源。IN1 为载波信号输入端，IN2 为调制信号输入端。

1. 直流调制特性的测量。

（1）调 Rp2 电位器使载波输入端平衡：在输入端 IN2 加峰峰值为 200mV，频率为 1KHz 的正弦信号（调制信号），调节 Rp2 电位器使输出端信号最小，然后 IN2 去掉输入信号。

注：调节 Rp2 使载波输入端平衡时，后面实验过程中已调制信号的正负幅度变化比例相等。载波输入端没有调平衡时，已调制信号的正负幅度变化将出现不对称现象，甚至出现已调制信号的正负幅度变化反相。若出现这些现象，可以重新微调 Rp2 电位器，使已调制信号的正负幅度变化相等。

（2）求电路的乘法器系数 K。测试方法：在载波输入端 IN1 加峰峰值为 $40mV_{P-P}$，频率为 100KHz 的正弦信号，用万用表测量 A、B 之间的电压，用示波器观察 OUT 输出端的波形，以 0.1V 为步长，记录 Rp1 按顺时针方向由一端调至另一端的输出波形及其峰峰值电压，注意观察相位变化，根据公式 $V_{o(p-p)}=KV_{AB}V_{c(p-p)}$，计算出系数K值，并填入表2-9。

表2-9

V_{AB}	0.3V	0.2V	0.1V	0V	-0.1V	-0.2V	-0.3V
$V_{o(p-p)}$							
K							

2. 实现全载波调幅（普通调幅波）。

（1）调节Rp1使 $V_{AB}=0.1V$，载波信号峰—峰值仍为 $40mV_{P-P}$，频率为100KHz的正弦信号 $u_c(t)=10\sin2\pi\times10^5tmV$，将其加至IN1。将调制信号 $u_\Omega(t)=U_{\Omega m}\sin2\pi\times10^3tmV$，加至调制器输入端IN2，记录 $U_{\Omega m}=60mV_{P-P}$ 和 $200mV_{P-P}$ 时的输出波形（标明峰—峰值与谷—谷值）并测出其调制度 M_a （$M_a=\frac{U_{om\max}-U_{om\min}}{U_{om\max}+U_{om\min}}$）。

（2）载波信号不变，将调制信号改为 $u_\Omega(t)=100\sin2\pi\times10^3tmV$，调节Rp1观察输出波形的变化情况，记录 $M_a=30\%$ 和 $M_a=100\%$ 时的调幅波形和所对应的 V_{AB} 值。

（3）复杂音调制：载波信号不变，将调制信号改为方波，幅值为100mV，频率为1KHz，观察记录 $V_{AB}=0V$、0.1V、0.15V时的输出已调波波形。将调制信号改为三角波，观察记录输出波形。

（4）将调制信号改为 $u_\Omega(t)=30\sin2\pi\times10^3tmV$，载波改为 $u_c(t)=300\sin2\pi\times10^5tmV$，观察并记录输出已调波波形。

3. 实现抑制载波调幅（双边带调幅）。

（1）调Rp1使调制端平衡，即在载波信号输入端IN1加 $V_c(t)=10\sin2\pi\times10^5t\ (mV)$ 信号，调制信号端IN2不加信号，调节Rp1使输出最小，观察并记录输出端波形。

（2）载波输入端不变，调制信号输入端IN2加 $V(t)=$

$100\sin 2\pi\times10^{3}t$（mV）信号，观察并记录波形，将波形与 $M_a=100\%$ 时的普通调幅波形比较，并记录峰—峰值电压。

（3）所加载波信号和调制信号均不变，微调 Rp2 为某一个值，观察记录输出波形，并与（2）所产生波形比较。

（4）在（3）的条件下，去掉载波信号，观察并记录输出波形，并与调制信号比较。

2.6.8　实验报告要求

1．整理实验数据，用坐标纸画出直流调制特性曲线。

2．画出调幅实验中 $m=30\%$、$m=100\%$、$m>100\%$ 的调幅波形，在图上标明峰—峰值电压。

3．画出当改变 V_{AB} 时能得到几种调幅波形，分析其原因。

4．画出 100% 调幅波形及抑制载波双边带调幅波形。

5．画出实现抑制载波调幅时改变 Rp2 后的输出波形。

2.6.9　参考资料

参考书：

1．谢嘉奎．电子线路（非线性部分）．北京：高等教育出版社，2006

2．杜武林．高频电路原理与分析，西安：西安电子科技大学出版社，1999

2.6.10　思考题

1．100% 调幅波形及抑制载波双边带调幅波形，比较二者的区别。

2．实现抑制载波调幅时改变 Rp2 后的输出波形，分析其现象。

3．总结实验过程中出现的问题。

2.7 实验五 调幅波信号的解调

2.7.1 实验内容

1. 产生实验所要求的调幅波。
2. 对已调波进行相应解调。

2.7.2 实验目的与要求

1. 进一步了解调幅波的原理，掌握调幅波的解调方法。
2. 了解二极管包络检波的主要指标，检波效率及波形失真。
3. 掌握用集成电路实现同步检波的方法。

2.7.3 预习要求

1. 复习课本中有关调幅和解调原理。
2. 分析二极管包络检波产生波形失真的主要因素。

2.7.4 实验设备

1. 双踪示波器。
2. 高频信号发生器。
3. 万用表。
4. 实验板 G3。

2.7.5 仪器使用说明

1. 将实验板插入主机插座后，即已接通地线，但实验板所需的正负电源则要另外使用导线进行连接。

2. 由于高频电路频率较高，分布参数及相互感应的影响比较大，所以在接线时连线要尽可能短。接地点必须接触良好，以减少干扰。

2.7.6　实验原理

振幅调制信号的解调电路称为振幅检波电路，简称检波电路，它的作用是从振幅调制信号中不失真地检出调制信号来。在频域上，这种作用就是将振幅调制信号频谱不失真地搬回到零频率附近。同步检波与二极管包络检波是常用的调幅波解调电路，同步检波是利用一个和调幅信号的载波同频同相的同步信号与调幅波相乘，通过低通滤波器滤除高频分量而获得调制信号。从理论上讲，这种电路能对任何调幅信号实现无失真解调，如对普通调幅波，抑制载波的双边带调幅波、单边带调幅波等实现解调。缺点是在实际工作中不易获取与调幅信号的载波同频、同相的同步信号，造成其不易实现。而包络检波电路不需要同步信号，电路十分简单，并且二极管包络检波电路适合有较大载波分量的普通调幅信号。

实验电路说明：

1. 二极管包络检波器。

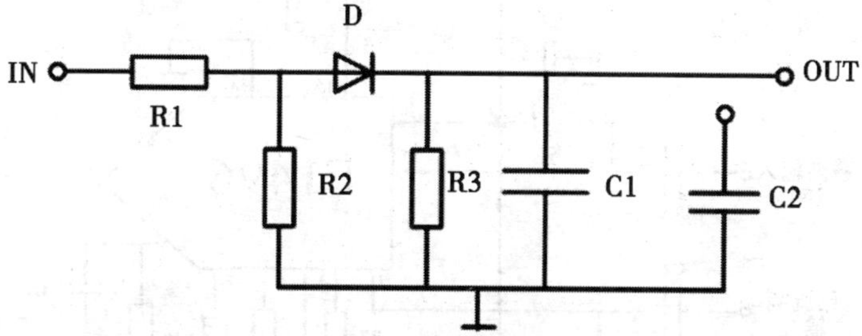

图 2－13　二极管包络检波器

二极管包络检波器适合于解调含有较大载波分量的大信号检波过程，它具有电路简单，易于实现的特点，本实验如图 2－13 所示，主要由二极管 D 及 RC 低通滤波器组成，它利用二极管的单向导电特性和检波负载 RC 的充放电过程实现检波。所以 RC 时间常数选择很重要，RC 时间常数过大，则会产生对角切割失真。RC 时间常数过小，高频分量会滤不干净。综合考虑要满足下式：$1/f_0 << RC << \sqrt{1-m^2}/\Omega \cdot m$，其中：m 为调幅系数，$f_0$ 为载波频率，Ω 为调制信号角频率。

2. 同步检波器。利用一个和调幅信号同频同相的载波信号与调幅波相乘，再通过低通滤波器滤除高频分量而获得调制信号。本实验如图 2－14 所示，采用 1496 集成电路构成解调器，载波信号 IN1 经过电容 C1 加在 8、10 脚之间，调幅信号 IN2 经过电容 C2 加在 1、4 脚之间，相乘后信号由 12 脚输出，经 C4、C5、R6 组成的低通滤波器，在解调输出端提取调制信号。

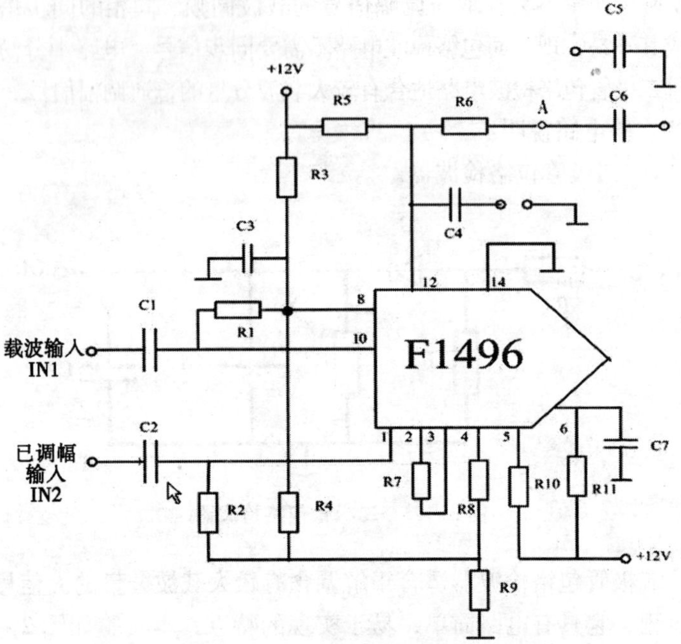

图 2－14　1496 构成的解调器

2.7.7　实验方法与步骤

注意：做此实验之前需恢复前面实验四中实验步骤第2实现全载波调幅的内容。

1. 二极管包络检波器

实验电路见图2-13。

（1）解调全载波调幅信号。

①$m<30\%$的调幅波的检波。载波信号仍为$Vc(t)=10\sin2\pi\times105t$（mV）调节调制信号幅度，按调幅实验中实验内容2（1）的条件获得调制度$m<30\%$的调幅波，并将它加至图2-13二极管包络检波器IN1信号输入端，观察记录检波电容为C1时的波形。

②加大调制信号幅度，使$m=100\%$，观察记录检波输出波形。

③恢复①的实验条件，将电容C2并联至C1，观察记录波形，并与调制信号比较。

2. 集成电路（乘法器）构成调制解调器。

实验电路见图2-14。

（1）解调全载波信号。

①将图2-14中的C4另一端接地，C5另一端接A，按调幅实验中实验内容2（1）的条件获得调制度分别为30%、100%及>100%的调幅波。将它们依次加至解调器的IN2输入端，并在解调器的IN1载波输入端加上与调幅信号相同的载波信号，分别记录解调输出波形，并与调制信号相比。

②去掉C4、C5，观察记录$m=30\%$的调幅波输入时的解调器输出波形，并与调制信号相比较。然后使电路复原。

（2）抑制载波的双边带调幅信号。

①按调幅实验中实验内容3（2）的条件获得抑制载波调幅

波，并加至图 2－14 中的 IN1 输入端，其他连线均不变，观察记录解调输出波形，并与解调信号相比较。

②去掉滤波电容 C4、C5 观察记录输出波形。

2.7.8 实验报告要求

1. 通过两种检波器一系列实验，将下列内容整理在表2－10内，并说明两种检波结果的异同原因。

表 2－10

输入的调幅波波形	M＜30%	M＝100%
二极管包络检波器输出		
同步检波输出		

2. 画出二极管包络检波器并联 C2 前后的检波输出波形，并进行比较，分析原因。

3. 在同一张坐标纸上画出同步检波解调全载波及抑制载波时去掉低通滤波器中电容 C4、C5 前后各是什么波形，并分析二者为什么有区别。

4. 总结实验过程中出现的问题。

2.7.9 参考资料

参考书：

1. 谢嘉奎. 电子线路（非线性部分）. 北京：高等教育出版社，2006

2. 杜武林. 高频电路原理与分析. 西安：西安电子科技大学出版社，1999

2.7.10 思考题

1. 同步检波和包络检波分别适用于哪些调制方式，为什么？

2. 同步信号如何产生？

第三章　通信原理实验

3.1　实验平台的结构组成

通信原理实验平台突出了通信系统各主要部件原理和信息传输过程的实验实训，由各具不同功能的模块组成。模块间连接由学生自主设计，能灵活地构成多种信息传输系统和多种复用、复接形式，有利于建立完整通信系统概念。平台模块组成及功能叙述如下：

3.1.1　数字信号时序产生模块

EPM7128 芯片，可编程输出各种数字信号。可进行自编码设计，长“0”、长“1”码输出，完成绝对码、相对码转换等功能。

CPLD 可编程模块（芯片位号：U101）用来产生实验系统所需要的各种时钟信号和数字信号。它由 CPLD 可编程器件 EPM7128（或者是 XC95108）、编程下载接口电路（J104）和一块晶振（OSC1）组成。晶振用来产生系统内的 16.384MHz 主时钟。

CPLD 型号为 EPM7128，由计算机编好程序从 J104 下载写入芯片，OSC1 为晶体，频率为 16.384MHz，经 8 分频得到 2.048MHz 主时钟，面板测量点与 EPM7128 各引脚信号对应关系如下：

表 3－1

SP101 2048KHz 主时钟	方波	对应 U101EPM7128 11 脚
SP102 1024KHz	方波	对应 U101EPM7128 10 脚
SP103 512KHz	方波	对应 U101EPM7128 9 脚
SP104 256KHz	方波	对应 U101EPM7128 8 脚
SP105 128KHz	方波	对应 U101EPM7128 6 脚
SP106 64KHz	方波	对应 U101EPM7128 5 脚
SP107 32KHz	方波	对应 U101EPM7128 4 脚
SP108 16KHz	方波	对应 U101EPM7128 81 脚
SP109 8KHz	方波	对应 U101EPM7128 80 脚
SP110 4KHz	方波	对应 U101EPM7128 79 脚
SP111 2KHz	方波	对应 U101EPM7128 77 脚
SP112 1KHz	方波	对应 U101EPM7128 76 脚
SP113 PN32K	32KHz 伪随机码	对应 U101EPM7128 75 脚
SP114 PN2K	2KHz 伪随机码	对应 U101EPM7128 74 脚
SP115 自编	自编码波形，波形由 J102 开关位置决定	对应 U101EPM7128 73 脚
SP116 长 0 长 1 码	码形为 1、0 连“1”与 1、0 连“0”码	对应 U101EPM7128 70 脚
SP117 X	绝对码输入	对应 U101EPM7128 69 脚
SP118 Y	相对码输出	对应 U101EPM7128 68 脚
SP119 F80	8K0 时隙取样脉冲	对应 U101EPM7128 12 脚

此外，取样时钟、编码时钟、同步时钟、时序信号还将被接到需要的单元电路中。

PN32KHz、PN2KHz 伪随机码的码型均为 111100010011010，不同的是码元宽度不一样，PN2KHz 的码元宽度 $S = 1/2K =$

0.5ms，PN32KHz 的码元宽度 $S=0.03125ms$。

［备注］　本实验平台中所有数字信号都是由同一个信号源 OSC1 分频产生，所以频率相同或者频率成倍数关系的数字信号，都有相对固定的相位关系。

3.1.2　模拟信号产生模块

模拟信号发生器电路用来产生实验所需的各种音频信号：同步正弦波信号、非同步简易正弦波信号、话音信号、音乐信号等。

1. 同步信号源。同步信号源用来产生与编码数字信号同步的 2KHz 正弦波信号，可作为抽样定理、增量调制编码、PCM 编码实验的输入音频信号。在没有数字存贮示波器的条件下，用它作为取样及编码实验的输入信号，可在普通示波器上观察到稳定的取样及编码数字信号波形。

2. 非同步信号源。非同步正弦波信号源是一个简易信号发生器，它可产生频率为 0.3KHz～10KHz 的可调正弦波信号，输出幅度为 0V～10V（一般使用范围 0V～4V），且幅度由 VR201 连续可调。在没有数字存贮示波器的条件下，用它作为取样及编码实验的输入信号，可在普通示波器上观察到稳定的取样及编码数字信号波形。

3. 音乐信号源。音乐信号产生电路用来产生音乐信号送往音频终端电路，以检查话音信道的开通情况及通话质量。音乐信号由 U203 音乐片厚膜集成电路产生。

4. 音频功率放大器。音频功率放大器采用 LM386 单片集成功放组成。模拟信号从 SP207 引入，J204 控制与喇叭的连接，当 J204 的 1、2 连接时，喇叭接通；2、3 连接时喇叭断开。

5. 模拟信号源模块有关器件接口介绍：

SP202：同步正弦波输出，频率 2KHz；

SP203：非同步信号输出，一般使用范围 300Hz～3.4KHz；
SP204：音乐信号输出，SW201 触发后产生；
SP207：功放输入；
SW201：音乐信号触发开关（有些无须触发）。

3.1.3 信宿模块（功放、喇叭模块）

完成对终端模拟信号的功率放大，喇叭播放功能，可直观判断通信质量的优劣。音频功率放大器采用 LM386 单片集成功放组成。被监听的信号从 SP207 引入，J204 用来控制与喇叭的连接，当 J204 的 1、2 连接时，喇叭接通；2、3 连接时喇叭断开。

3.1.4 抽样定理模块

完成抽样定理的验证实验及 PAM 通信系统实验。

3.1.5 增量编码译码模块

完成增量调制的编码译码实验，可进行独立模块或系统实验。

提供了三种编译码时钟。

3.1.6 PCM 编码译码模块

完成 PCM 的编码、译码实验；
完成两路 PCM 编码数字信号时分复用及解复用实验。
提供了三种编译码时钟。

3.1.7 FSK 调制解调模块

完成频移键控 FSK 调制解调实验。

1. 可对方波，伪随机码等信号进行调制输出；
2. 可对已调信号进行放大或衰减输出；

3. 可完成本实验箱的自环单工通信实验。

3.1.8 PSK 调制解调模块

完成相移键控 BPSK（DPSK）调制解调实验。

1. 可对方波，伪随机码等信号进行调制输出；
2. 可对已调信号进行放大或衰减输出；
3. 可完成本实验箱的自环单工通信实验。

3.1.9 数字同步提取及眼图观察模块

1. 完成对 CPLD 产生的伪随机码、PSK 解调的基带信号等信号同步时钟的提取，信码再生，相对码与绝对码的转换等实验；

2. 完成数字基带信号的眼图观察实验。

3.2 实验一 抽样定理与 PAM 系统实验

3.2.1 实验内容

1. 抽样和分路脉冲的形成。
2. 验证抽样定理。
3. PAM 信号的形成和解调。

3.2.2 实验目的和要求

1. 通过对模拟信号抽样的实验，加深对抽样定理的理解。

2. 通过 PAM 调制实验，使学生加深理解脉冲幅度调制的特点。

3. 通过对电路组成、波形和所测数据的分析，了解 PAM 调制方式的优缺点。

3.2.3 预习要求

1. 复习抽样定理和脉冲调幅的工作原理。
2. 了解实验电路的基本组成。

3.2.4 实验设备

1. TLS－T302通信原理实验箱一台。
2. 20M双踪模拟示波器一台。

3.2.5 仪器使用说明

1. 使用仪器之前必须了解其性能、操作方法及其注意事项，在使用时应严格遵守。

2. 实验时接线要认真，相互仔细检查，确定无误才能接通电源，初学或没有把握时应经指导教师审查同意后再接通电源。

3. 通信原理实验注意：

（1）实验时，示波器的幅度档一般设置在2V档，探头1X无衰减，接地夹子应先接地。

（2）一般情况下，本实验平台上元器件的标号都是按照模块划分的。例如，标号SP301和SPX01的方式，“SP”表示测量点，“301”和“X01”中的“3”和“X”表示功能模块，“01”表示编号。根据元器件的标号能很快找到其在平台上的具体位置。

［备注］　标号的首字母意思

SP、TP表示波形测量点或信号输入输出铜铆孔；

U表示芯片集成电路；

R表示电阻；

CA表示普通电容；

CE表示电解电容；

J 表示接插件；

JZ 表示晶振或晶体；

K 表示选择开关；

W 表示电位器等。

（3）对低频信号发生器进行输出幅度调整时，一定用示波器观测输出电压峰—峰值是否达到要求，严禁不经观测擅自调整其电压输出。

（4）使用示波器时，要注意示波器探头的衰减倍数的设置应设置成无衰减，以得到正确的测试结果。

3.2.6　实验原理

在通信技术中为了获取最大的经济效益，就必须充分利用信道的传输能力，扩大通信容量。因此，采取多路复用方式是极为重要的通信手段。最常用的多路复用体制是频分多路复用（FDM）通信系统和时分多路复用（TDM）通信系统。频分多路复用技术是用不同频率的正弦载波对基带信号进行调制，把各路基带信号频谱搬移到不同的频段上，在同一信道上传输；而时分多路复用系统中则是利用不同时序的脉冲对基带信号进行抽样，把抽样后的脉冲信号按时序排列起来，在同一信道中传输。

1. 抽样。利用抽样脉冲把一个时间连续信号变为离散时间样值的过程称为抽样，抽样后的信号称为脉冲调幅（PAM）信号。在满足抽样定理的条件下，抽样信号保留了原信号的全部信息。并且，从抽样信号中可以无失真地恢复出原信号。

作为例子，图 3-1 示意图画出了传输一路语音信号的脉冲编码调制 PCM 系统。从图中可以看出要实现对语音的 PCM 编码，首先就要对语音信号进行抽样，然后才能进行量化和编码。因此，抽样过程是语音信号数字化的重要环节，也是一切模拟信号数字化的重要环节。

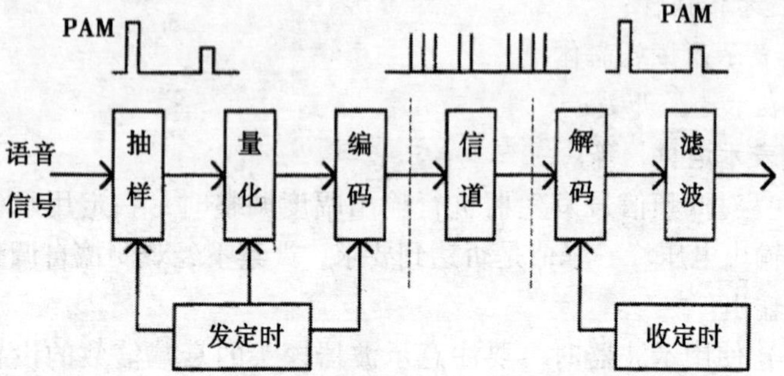

图 3-1　单路 PCM 系统示意图

2. 抽样定理。抽样定理指出，一个频带受限信号 m（t）如果它的最高频率为 f_H〔即 m（t）的频谱中没有 f_H 以上的分量〕，可以唯一地由频率等于或大于 $2f_H$ 的样值序列所决定。因此，对于一个最高频率为 3400Hz 的语音信号 m（t），可以用频率大于或等于 6800Hz 的样值序列来表示。语音信号 m（t）的频谱和用抽样频率 f，抽样后的抽样信号频谱如图 3-2 和图 3-3 所示。由频谱可知，用截止频率为 f_H 的理想低通滤波器对抽样信号进行滤波，可以无失真地恢复原始信号 m（t），这就说明了抽样定理的正确性。

图 3-2　语音信号的频谱

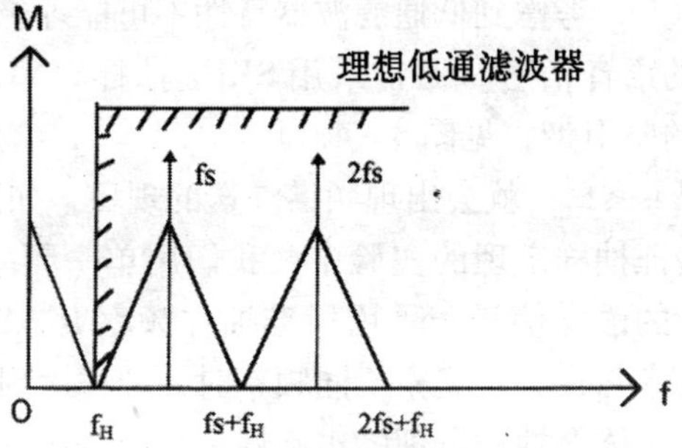

图 3－3　语音信号的抽样频谱和抽样信号频谱

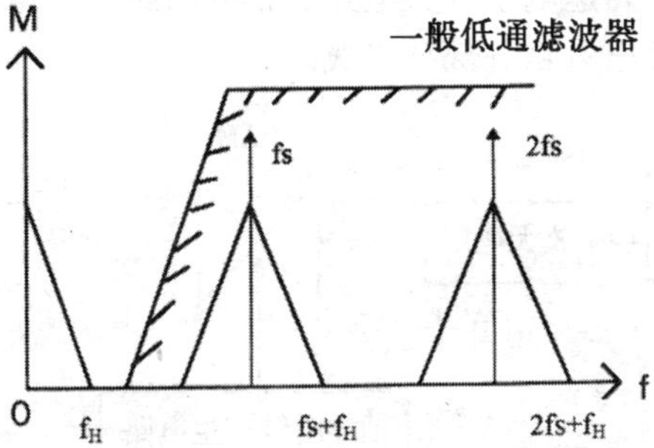

图 3－4　留出防卫带的语音信号的抽样频谱

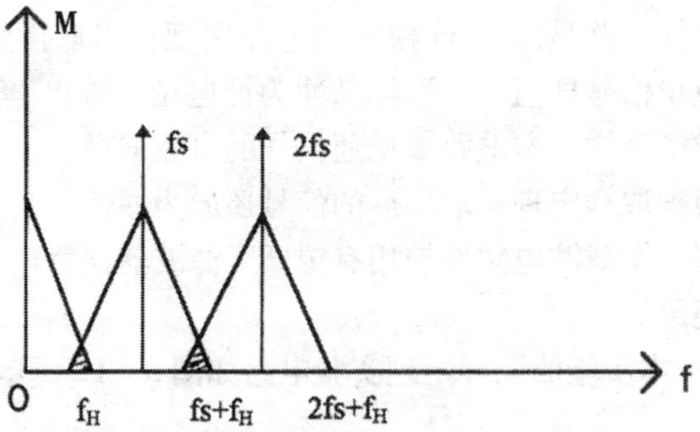

图 3－5　$fs < f_H$ 时语音信号的抽样频谱

实际上，考虑到低通滤波器特性不可能理想，对最高频率为3400Hz 的语音信号，通常采用 8KHz 抽样频率，这样可以留出1200Hz 的防卫带，见图 3 – 4。

如果 $fs < f_H$，就会出现频谱混迭的现象，如图 3 – 5 所示。

在验证抽样定理的实验中，我们用单一频率 f_H 的正弦波来代替实际的语音信号。采用标准抽样频率 fs = 8KHz，改变音频信号的频率 f_H，分别观察不同频率时，抽样序列和低通滤波器的输出信号，体会抽样定理的正确性。

抽样定理和脉冲幅度调制实验电原理图如图 3 – 6 所示，由输入电路、高速电子开关电路、抽样时钟产生电路、解调滤波电路、功放输出电路五部分组成。

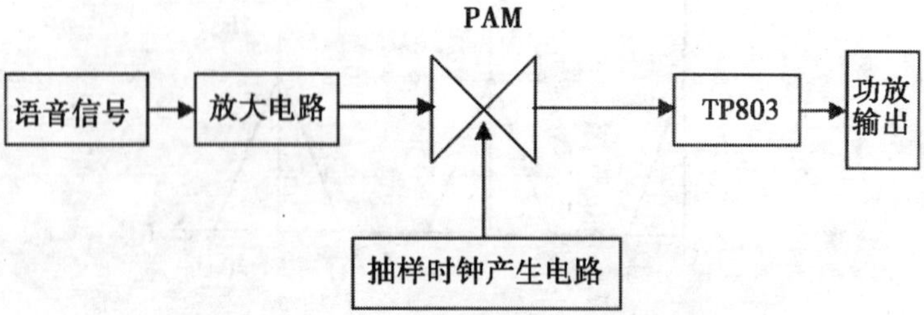

图 3 – 6　脉冲振幅调制电路原理框图

取样电路是用 4066 模拟门电路实现。当取样脉冲为高电位时，取出信号样值；当取样脉冲为低电位，输出电压为 0，这样便完成了取样。本电路属低通信号的自然取样。

根据取样定理，取样后的信号还原为原信号要通过理想低通滤波器，本滤波电路系统用有源低通滤波器代替理想低通滤波器完成还原。

3. 本实验的抽样定理实验电路如图 3 – 12 所示。

3.2.7　实验方法与步骤

1. 连接 SP201 与 SP111，接入 2K 同步方波产生 2K 同步正弦波。

2. 连接 SP202 与 SP301，送入模拟信号。

3. SP302 接入抽样时钟信号，频率有 4K（SP110）、8K（SP109）、16K（SP108）Hz 方波可供选择，建议先接入 16KHz 开始实验。在 TP303 观察记录 PAM 信号。

4. 改变输入 SP302 的抽样时钟频率，重复步骤 1 至 3。

5. 连接 SP204 与 SP301、SP303 与 SP306、SP305 与 SP207，把扬声器 J204 开关置到 1、2 位置，触发 SW201 开关，调整 SP302 的输入采样时钟信号频率，听辨音乐信号的质量。

[备注]　各测量点输出的波形及比较

TP301：模拟信号输入，信号幅度不宜过大。若幅度过大，抽样信号的波形就会失真，因此需调整送入的模拟信号的幅度（幅度在 2V 左右）。方法是：调整相应的模拟信号输入，建议采用同步正弦波作为输入信号。如图 3－7 所示。

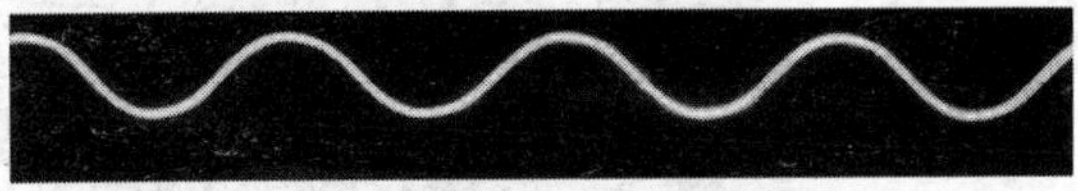

图 3－7　TP301：模拟信号

TP302：抽样时钟波形输出。其抽样时钟波形自行选择输入，有 16KHz 方波、8KHz 方波、4KHz 方波。示波器探头 CH1 接于 TP301，CH2 接于 TP303，改变抽样时钟，观察并记录图形。

TP303：抽样时钟信号频率为 16KHz 方波时的抽样信号，如图 3－8 所示。

TP302:16KHz抽样时钟

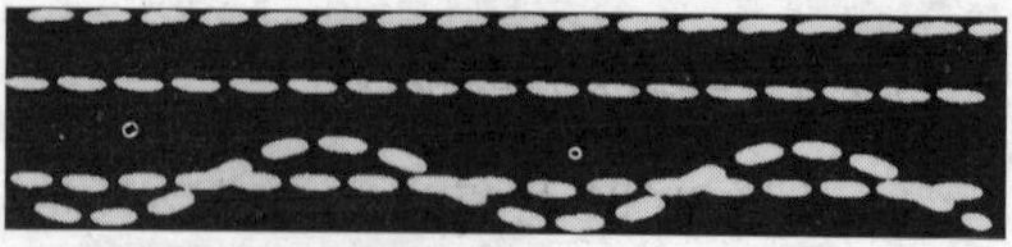

图 3－8　TP303：抽样信号

TP303：抽样时钟信号频率为 8KHz 方波时的抽样信号，如图 3－9 所示。

TP302：8KHz抽样时钟

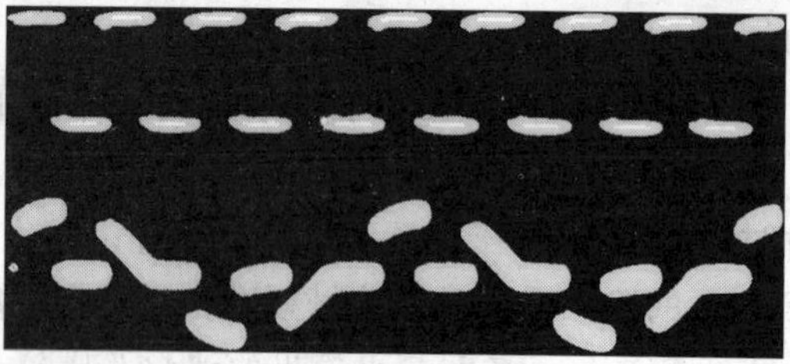

图 3－9　TP303：抽样信号

TP303：抽样时钟信号频率为 4KHz 方波时的抽样信号，如图 3－10 所示。

TP302：4KHz抽样时钟

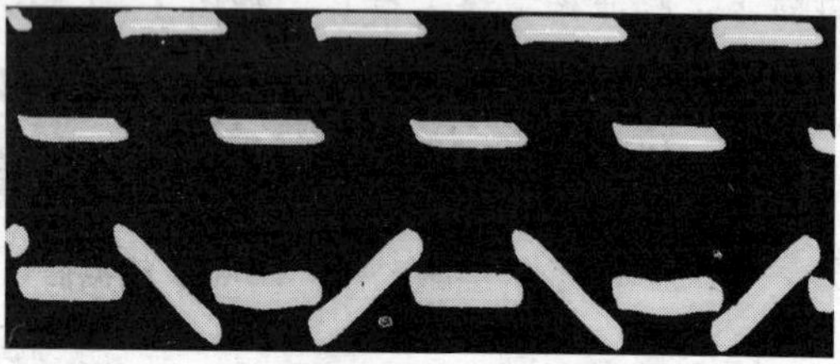

图 3－10　TP303：抽样信号

TP303：抽样信号输出。示波器探头 CH1 接于 TP301，CH2 接于 TP303，观察并记录图形。如图 3－11 所示。

TP301：模拟信号输入

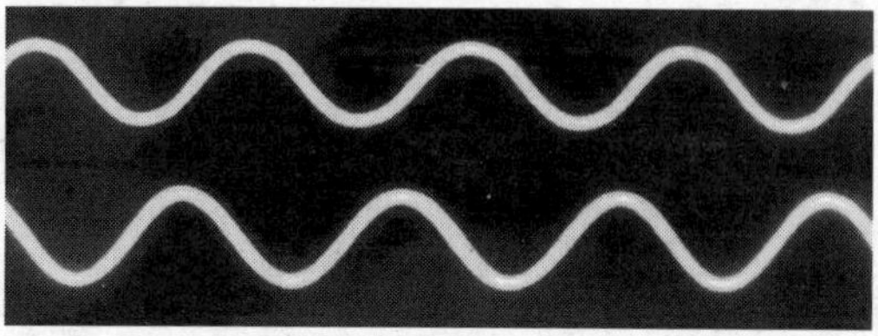

图 3-11　TP304：模拟信号还原出

3.2.8　实验报告要求

实验前应认真阅读实验指示书，明确实验目的，了解实验原理、内容，掌握实验步骤及注意事项，并写出预习报告，内容包括：

1. 实验目的。
2. 实验仪器、设备连接方框图，并标明测试点。
3. 实验记录表格及测试步骤。
4. 实验指示书上规定的其他内容。做完实验，接着做总结。
5. 实验仪器名称、型号和编号。
6. 实验数据整理、实验现象分析。
7. 实验方法及仪器使用总结。
8. 思考题讨论。

实验报告在实验完成后一周内交到实验室，一律用学校规定的实验报告纸写，实验波形一律在坐标方格纸上由绘图尺完成。发回的报告应保存好，以备考查。

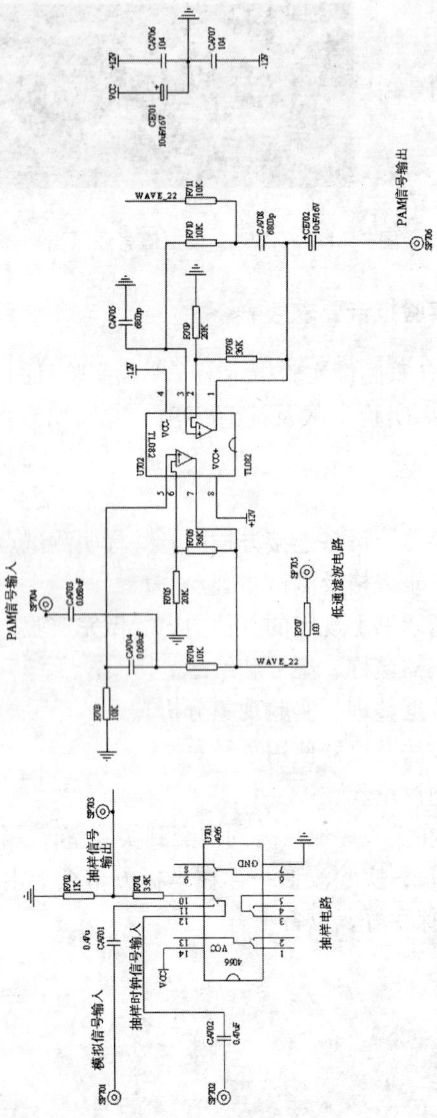

图 3－12　抽样定理实验电路图

3.2.9 参考资料

参考书：

1. 樊昌信等. 通信原理（第五版）. 北京：国防工业出版社，2003

2. 曹志刚，钱亚生编. 现代通信原理。北京：清华大学出版社，2000

3.2.10 思考题

1. 本实验得到的是哪一类抽样波形？从理论上对理想抽样、自然抽样和平顶抽样进行对比和说明。

2. 当 $fs > 2f_H$ 和 $fs < 2f_H$ 时，低通滤波器输出的波形是什么？试总结一般规律。

3. 抽样功能实现的方法很多，请设计一个抽样电路完成功能。

4. 对改进实验内容和电路有什么建议？

3.3 实验二 PCM 编译码原理实验

3.3.1 实验内容

1. 用同步正弦波信号观察 PCM 八比特编码的实验。
2. 脉冲编码调制（PCM）及系统实验。
3. PCM 八比特编码时分复用输出波形观察测量实验。

3.3.2 实验目的和要求

1. 了解语音信号编译码的工作原理。
2. 验证 PCM 编译码原理。

3. 了解 PCM 专用大规模集成电路的工作原理和应用。

4. 了解帧同步信号的时序状态关系。

3.3.3 预习要求

1. 复习脉冲编码调制的工作原理。

2. 了解实验电路的基本组成及其实现方法。

3.3.4 实验设备

1. TLS－T302 通信原理实验箱一台。

2. 20M 双踪模拟示波器一台。

3.3.5 仪器使用说明

1. 使用仪器之前必须了解其性能、操作方法及其注意事项，在使用时应严格遵守。

2. 实验时接线要认真，相互仔细检查，确定无误才能接通电源，初学或没有把握应经指导教师审查同意后再接通电源。

3. 通信原理实验注意：

(1) 实验时，示波器的幅度档一般设置在 2V 档，探头 1X 无衰减，接地夹子应先接地。

(2) 一般情况下，本实验平台上元器件的标号都是按照模块划分的。例如，标号 SP301 和 SPX01 的方式，“SP” 即表示测量点，“301” 和 “X01” 中的 “3” 和 “X” 表示功能模块，“01” 表示编号。根据元器件的标号能很快找到其在平台上的具体位置。

[备注] 标号的首字母意思

SP、TP：表示波形测量点或信号输入输出铜铆孔；

U：表示芯片集成电路；

R：表示电阻；

CA：表示普通电容；

CE：表示电解电容；

J：表示接插件；

JZ：表示晶振或晶体；

K：表示选择开关；

W：表示电位器等。

（3）对低频信号发生器进行输出幅度调整时，一定用示波器观测输出电压峰—峰值是否达到要求，严禁不经观测擅自调整其电压输出。

（4）使用示波器时，要注意示波器探头的衰减倍数的设置应设置成无衰减，以得到正确的测试结果。

3.3.6　实验原理

1. 概述。脉冲编码（PCM）技术已经在数字通信系统中得到广泛的应用。十多年来，由于超大规模集成技术的发展，PCM 通信设备在缩小体积、减轻重量、降低功耗、简化调试以及方便维护等方面都有了显著的改进。

目前，数字电话终端机的关键部件，如编译码器（Codec）和话路滤波器等都实现了集成化。本实验是以这些产品编排的 PCM 编译码系统实验，以期让实验者了解通信专用大规模集成电路在通信系统中应用的新技术。PCM 数字电话终端机的构成原理如图 3－13 所示。实验只包括虚线框内的部分，故名 PCM 编译码实验。

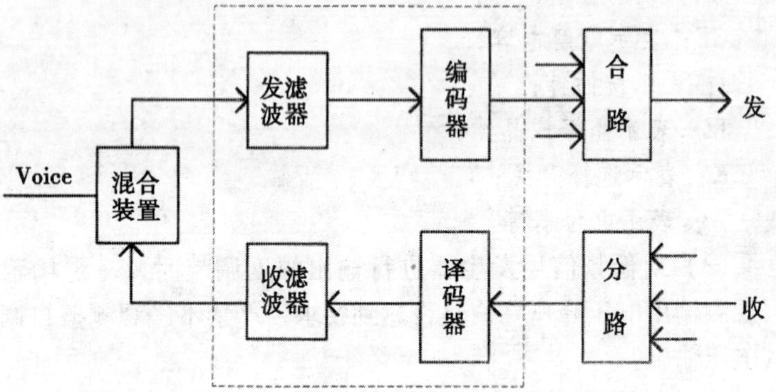

图 3-13　PCM 数字电化终端机的结构示意图

2. PCM 编译码原理。PCM 编译码系统由定时部分和 PCM 编译码器构成。为适应语音信号的动态范围，实用的 PCM 编译码必须是非线性的。目前，国际上采用的均是折线近似的对数压扩特性。CCITT 的建议规定以 13 段折线近似的 A 律（A = 87.56）和 15 段折线近似的 μ 律（μ = 255）作为国际标准。A 律和 μ 律的量化特性见教材所示。A 律和 μ 律的编译码表分别列于表 3-2 和表 3-3。

表 3－2　A＝87.56　编译码表

输入幅度范围	量阶	段落码	电平码	量化电平	译码幅度
0—1 1—2 … 15—16	1	000	0000 0001 … 1111	0 1 … 15	0.5 1.5 … 15.5
16—17 … 31—32	1	001	0000 … 1111	16 … 31	16.5 … 31.5
32—34 … 62—64	2	010	0000 … 1111	32 … 47	32 … 63
64—68 … 124—128	4	010	0000 … 1111	48 … 63	66 … 126
128—136 … 248—256	8	100	0000 … 1111	64 … 79	132 … 252
256—272 … 496—512	16	101	0000 … 1111	80 … 95	264 … 504
512—544 … 992—1024	32	110	0000 … 1111	96 … 111	528 … 1008
1024—1088 … 1984—2048	64	111	0000 … 1111	112 … 127	1056 … 2016

表 3-3　$\mu=255$　编译码表

输入幅度范围	量阶	段落码	电平码	量化电平	译码幅度
0—0.5 0.5—1.5 … 14.5—15.5	1	000	0000 0001 … 1111	0 1 … 15	0 1 … 15
15.5—17.5 … 45.5—47.5	2	001	0000 … 1111	16 … 31	16.5 … 46.5
47.5—51.5 … 107.5—111.5	4	010	0000 … 1111	32 … 47	49.5 … 109.5
111.5—119.5 … 231.5—239.5	8	011	0000 … 1111	48 … 63	115.5 … 235.5
239.5—255.5 … 479.5—495.5	16	100	0000 … 1111	64 … 79	247.5 … 487.5
495.5—527.5 … 975.5—1007.5	32	101	0000 … 1111	80 … 95	511.5 … 991.5
1007.5—1075.5 … 1967.5—2031.5	64	110	0000 … 1111	96 … 111	1039.5 … 1999.5
2031.5—2159.5 … 3951.5—4079.5	128	111	0000 … 1111	112 … 127	2095.5 … 4015.5

这种折线近似压扩特性的特点是：各段落间量阶关系都是2的幂次，在段落内为均匀分层量化，即等间隔16个分层，这些对于用数字电路实现非线性编码与译码是极为方便的。

3. PCM编译码器简介。鉴于我国国内采用的是A律量化特性，因此本实验采用TP3067专用大规模集成电路，它是CMOS工艺制造的单片PCM A律编译器，并且片内带输入输出话路滤波器。

TP3067的管脚如图3－14所示，内部组成框图如图3－15所示。

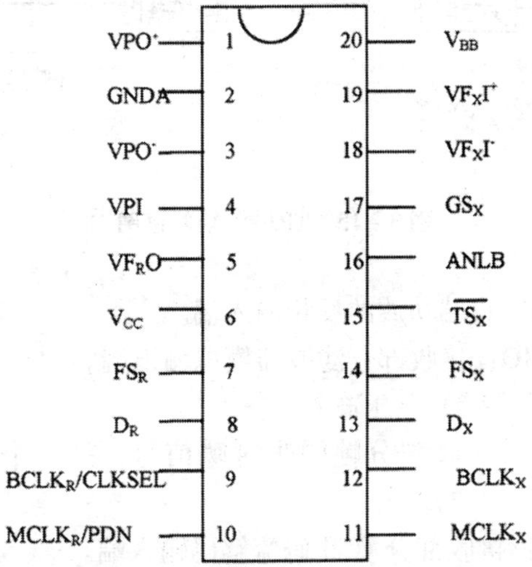

图3－14 TP3067管脚图

TP3067的管脚定义简述如下：

（1）VP04＋：收端功率放大器的同相输出端。

（2）GNDA：模拟地。所有信号都以此管脚为参考。

（3）VPO－：收端功放的反相输出端。

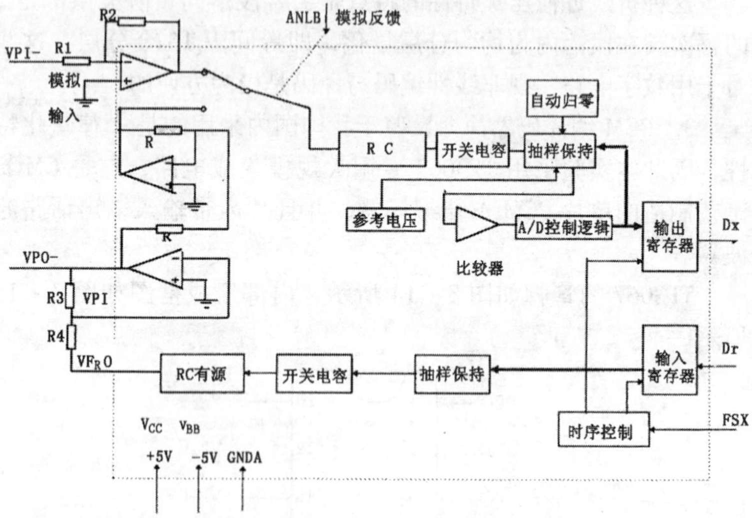

图 3－15 TP3067 功能框图

（4）VPI：收端功放的反相输入端。

（5）VFRO：接收部分滤波器模拟输出端。

（6）Vcc：+5V 电压输入。

（7）FSR：接收部分帧同步时隙信号，是一个 8KHz 脉冲序列。

（8）DR：接收部分 yCM 码流解码输入端。

（9）BCLKR/CLKSEL：位时钟（Bitclock），它使 PCM 码流随着 FSr 上升沿逐位移入 Dr 端，位时钟可以为从 64KHz 到 2048KHz 的任意频率。或者作为一个逻辑输入选择 1536MHz、1544MHz 或 2048MHz，用作同步模式的主时钟。

（10）MCLKR/PDN：接收部分主时钟，它的频率必须为 1536MHz、1544MHz 或 2048MHz。可以和 MCKLx 异步，但是同步工作时可达到最佳状态。当 MCLKx 接低电平，MCLKR 被选择为内部时钟；当 MCLKx 接高电平，该芯片进入低功耗状态。

（11） MCLKx：发送部分主时钟，必须为 1536MHz、1544MHz 或 2048MHz。可以和 MCLKx 异步，但是同步工作时可达到最佳状态。

（12） BCLKx：发送部分时钟，使 PCM 码流逐位移入 DR 端。可以为从 64KHz 到 2048MHz 的任意频率，但必须和 MCLKx 同步。

（13） Dx：发送部分 FCM 码流编码输出端。

（14） FSx：发送部分帧同步时隙信号，为一个 8KHz 的脉冲序列。

（15） TSx：漏极开路输出端，它在编码时隙输出低电平。

（16） ANLB：模拟反馈输入端。在正常工作状态下必须置成逻辑“0”，当置成逻辑“1”时，发送部分滤波器的输入端并不与发送部分的前置滤波器相连，而是和接收部分功放的 VPO + 相连。

（17） GSx：发送部分输入放大器的模拟基础，用于在外部同轴增益。

（18） VFxL -：发送部分输入放大器的反相输入端。

（19） VFxL +：发送部分输入放大器的同相输入端。

（20） V_{BB}：接 -5V 电源。

4. 实验电路原理。PCM 编译码电路主要由芯片 U401（TP3067）及外围电路构成（见图3 - 23）。每个 TP3067 芯片含有一路 PCM 编码器和一路 PCM 译码器。模拟信号经过编译码器时，在编码电路中，它要经过取样、量化、编码三个步骤，如图 3 - 18 所示；PCM 码被接收到译码电路后经过译码、低通滤波、放大，最后输出模拟信号，把这两部分集成在一个芯片上就是一个单路编译码器，它只能为一个用户服务，即在同一时刻只能为一个用户进行 A/D 及 D/A 变换。

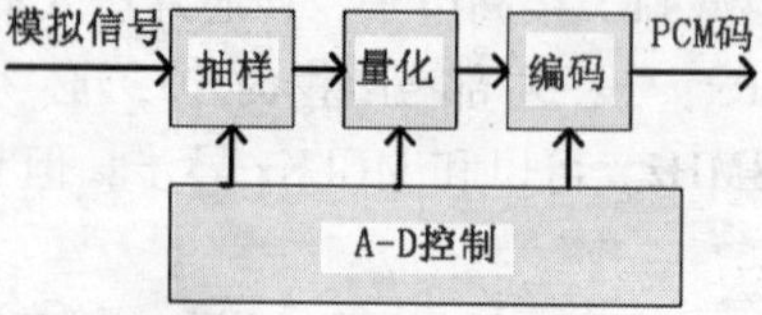

图 3－16　A/D 电路框图

3.3.7　实验方法与步骤

1. 打开实验箱右侧电源开关，电源指示灯亮。

2. 编码部分。

SP201：连接 SP111 接入 2K 同步方波产生 2K 同步正弦波；

SP401：连接 SP202 接入模拟信号，建议输入同步正弦波信号；

SP405：连接 SP101 接入 2048KHz 主时钟信号；

SP406：连接 SP109 接入 8KHz 脉冲信号；

SP407：连接 SP106 或 SP103 或 SP101 接入可选发码时钟，有 64K、512K、2048K 三种频率。

3. 译码部分。

SP402：连接 SP403 连接编码/译码两部分。

SP408：连接 SP109 接入 8KHz 脉冲信号；

SP409：连接 SP106 或 SP103 或 SP101 接入可选收码时钟，有 64K、512K、2048K 三种频率。

4. 测量 TP401 ~ TP409 各点波形，示波器两通道同时测量 TP403、TP407 两点波形，此时能观察到稳定的八比特 PCM 数字输出信号。

TP401：模拟信号输入。如图 3－17 所示。

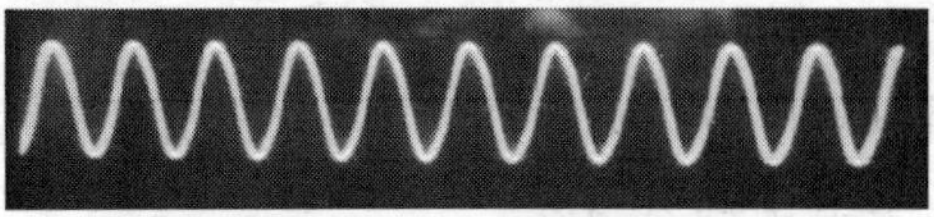

图 3-17 模拟信号输入

TP404：模拟信号输出，如图 3-18。

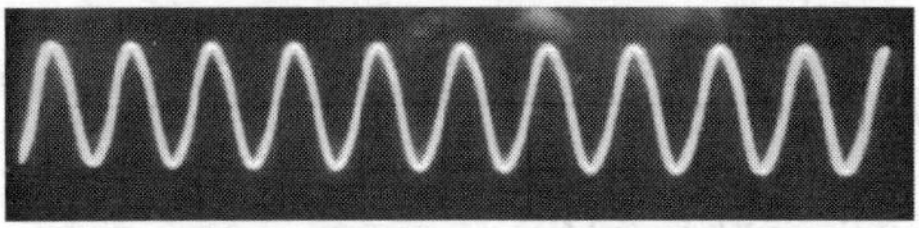

图 3-18 模拟信号输出

TP405：主时钟，如图 3-19。

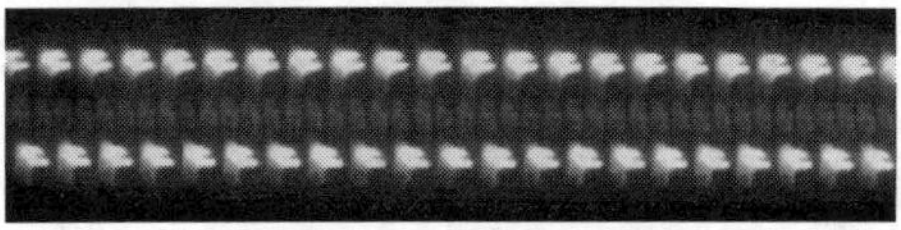

图 3-19 主时钟

选 512KHz 的时钟信号 TP407/409：512KHz，如图 3-20。

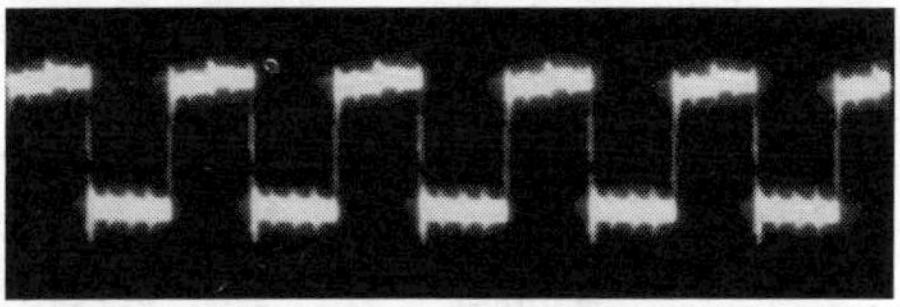

图 3-20 时钟信号

5. 将 SP401 与 SP202 拆除，连接 SP401 和 SP204，用连接线将译码输出信号由 SP404 引出，接入到功放模块 SP207 “喇叭输入” 接口；按按钮播放音乐，收听效果。

［备注］ 各测量点说明

TP401：该点为输入的音频信号，用连接线连接模拟信号源与 TP401，若幅度过大，则被限幅电路限幅成方波，因此信号波形幅度尽量小一些。方法是：改变相应信号源的幅度大小，建议采用同步正弦波作为输入信号。

TP402：PCM 编码输出的数字信号波。

TP403：PCM 译码系统接收输入的数字信号，波形同 TP402。

TP404：为 PCM 译码输出的模拟信号，波形应与 TP402 相同。

TP405：接入主时钟 2048KHz 方波。

TP406：收时序频率为 8KHz 的帧同步信号（矩形窄脉冲）。

TP407：PCM 编码时钟信号，有 64K、512K、2048KHz 三种频率可选。

TP408：发时序频率为 8KHz 的帧同步信号（矩形窄脉冲）。

TP409：PCM 译码时钟信号，有 64K、512K、2048KHz 三种频率可选。

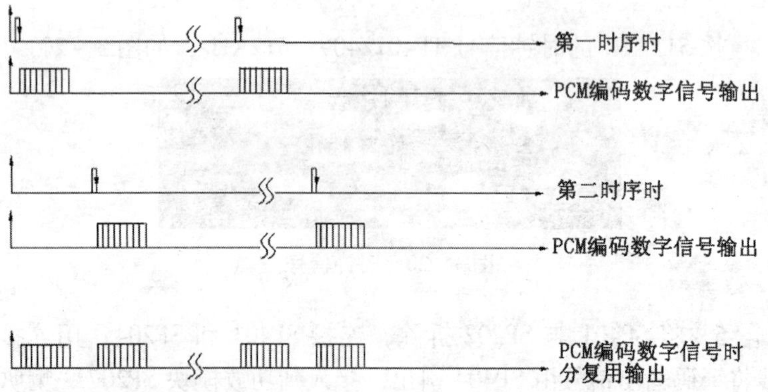

图 3－21　时分多路复用波形分析示意图

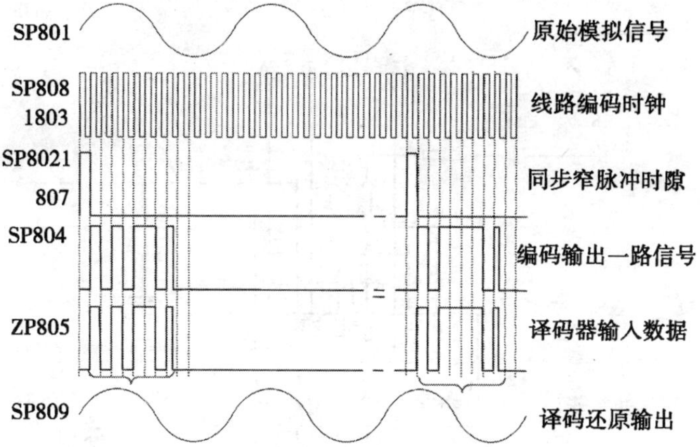

图 3-22 PCM 编码输出，译码输出理想波形示意图

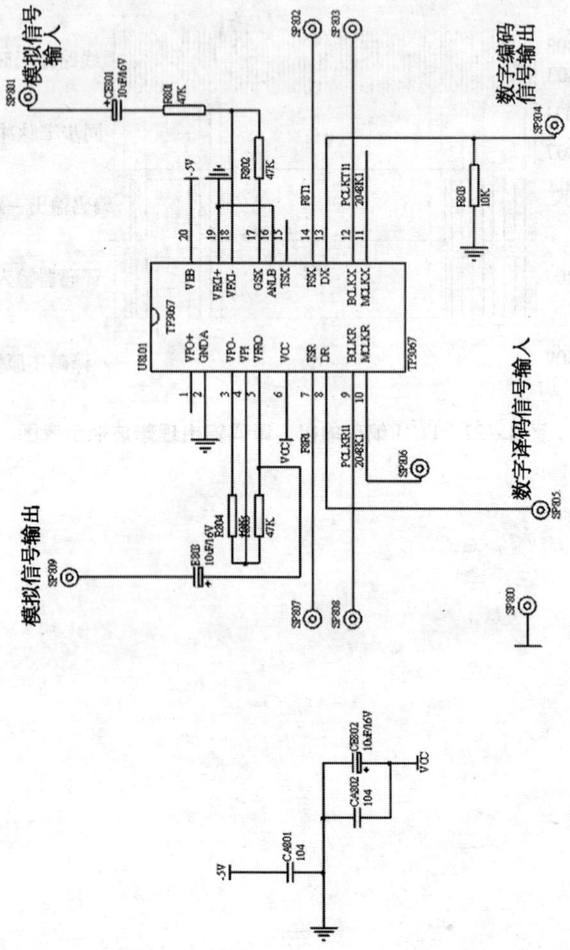

图 3 – 25　PCM 编/译码实验电路图

3.3.8 实验报告要求

实验前应认真阅读实验指示书，明确实验目的，了解实验原理、内容，掌握实验步骤及注意事项，并写出预习报告，内容包括：

1. 实验目的。
2. 实验仪器、设备连接方框图，并标明测试点。
3. 实验记录表格及测试步骤。
4. 实验指示书上规定的其他内容。做完实验，接着做总结。
5. 实验仪器名称、型号和编号。
6. 实验数据整理、实验现象分析；观察同步正弦波的编码波形，读出编码数据（至少12个字节数据，注意观测方法）。
7. 实验方法及仪器使用总结。
8. 思考题讨论。

实验报告在实验完成后一周内交到实验室，一律用学校规定的实验报告纸写，实验波形一律在坐标方格纸上由绘图尺完成。发回的报告应保存好，以备考查。

3.3.9 参考资料

参考书：

1. 樊昌信等. 通信原理. 北京：国防工业出版社，2003
2. 曹志刚，钱亚生编. 现代通信原理. 北京：清华大学出版社，2000

3.3.10 思考题

1. PCM 编译码系统由哪些部分构成？各部分的作用是什么？
2. 对 PCM 和 AM 系统的系统性能进行比较，总结它们各自的特点。

3. 在实际的通信系统中收端（译码）部分的定时信号是怎样获取的？

4. 对改进实验有什么建议？

3.4 实验三 增量调制编译码实验

3.4.1 实验内容

1. 增量调制（△M）编码实验。
2. 增量调制（△M）译码实验。
3. 工作时钟可变状态下△M 编译码质量比较。
4. 同等条件下的 PCM 与△M 系统性能比较实验。

3.4.2 实验目的和要求

1. 了解语音信号的 ΔM 编码过程。
2. 验证 ΔM 的编译码原理。
3. 掌握增量调制编译码的基本原理，并理解实验电路的工作过程。
4. 了解不同速率的 ΔM 编译码，以及低速率 ΔM 编译码时的输出波形。

3.4.3 预习要求

1. 复习增量调制编译码的工作原理。
2. 了解本实验电路的基本组成及其实现方法。

3.4.4 实验设备

1. TLS－T302 通信原理实验箱一台。

2. 20M 双踪模拟示波器一台。

3.4.5　仪器使用说明

1. 使用仪器之前必须了解其性能、操作方法及其注意事项，在使用时应严格遵守。

2. 实验时接线要认真，相互仔细检查，确定无误才能接通电源，初学者或没有把握时应经指导教师审查同意后再接通电源。

3. 通信原理实验注意：

（1）实验时，示波器的幅度档一般设置在 2V 档，探头的衰减倍数的设置应为无衰减，接地夹子应先接地。

（2）一般情况下，本实验平台上元器件的标号都是按照模块划分的。例如，标号 SP301 和 SPX01 的方式，“SP”即表示测量点，“301”和“X01”中的“3”和“X”表示功能模块，“01”表示编号。根据元器件的标号能很快找到其在平台上的具体位置。

[备注]　标号的首字母意思

SP、TP 表示波形测量点或信号输入输出铜铆孔；

U 表示芯片集成电路；

R 表示电阻；

CA 表示普通电容；

CE 表示电解电容；

J 表示接插件；

JZ 表示晶振或晶体；

K 表示选择开关；

W 表示电位器等。

（3）对低频信号发生器进行输出幅度调整时，一定用示波器观测输出电压峰—峰值是否达到要求，严禁不经观测擅自调整其电压输出。

（4）使用示波器时，要注意示波器探头的衰减倍数的设置是否将信号衰减了10倍，以得到正确的测试结果。

3.4.6 实验原理

1．概述。随着中、大规模集成电路技术的进步，各种通信专用集成电路也迅速地发展起来。ΔM编译码器、开关电容滤波器以及用户接口电路的集成化，为全集成化ΔM数字电话终端设备提供了物质条件。目前，由三块中规模集成电路，加少量外接元件设计的新型集成化ΔM数字电话终端机已投入批量生产。图3－24就是这种设备的一个话路的方框图。

本实验用单片MC3418ΔM编译码器和滤波器组成一个ΔM编译码实验系统。其功能只涉及图3－24中虚线以右的部分。

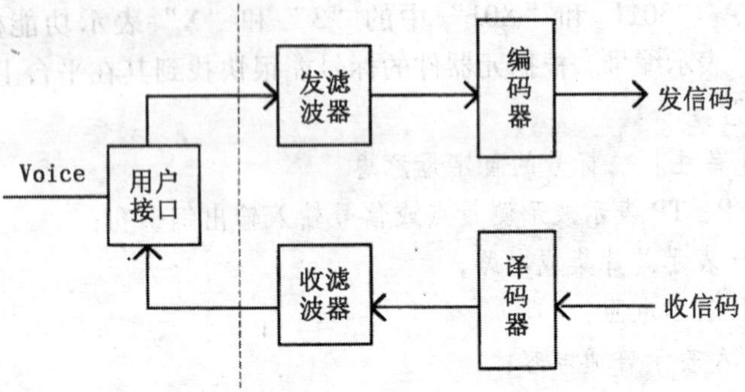

图3－24　集成化ΔM数字电话框图

2．增量调制编码实验原理。增量调制编码每次取样只编一位码，表示抽样幅度的增量，即采用一位二进制数码“1”或“0”来表示信号在抽样时刻的值相对于前一个抽样时刻的值是增大还在减小，增大则输出“1”码，减小则输出“0”码。输出的“1”、“0”只是表示信号相对于前一个时刻的增减，不表示信号的幅值。增量调制编码器实验结构框图如图 3－25 所示。

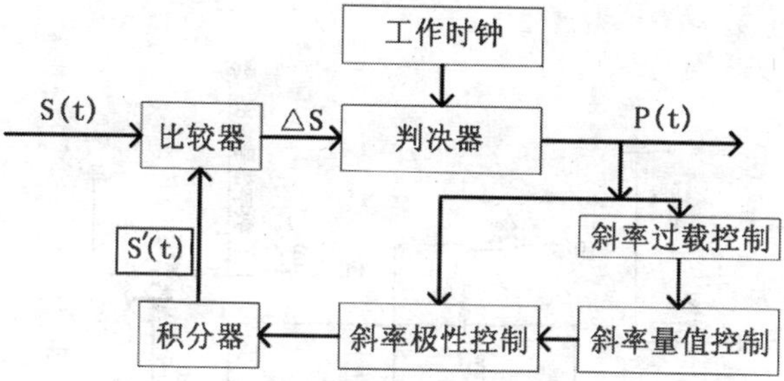

图 3－25 增量调制编码器实验结构框图

3. 增量调制的译码实验原理。

增量调制系统译码电路结构方框图如图 3－26 所示。

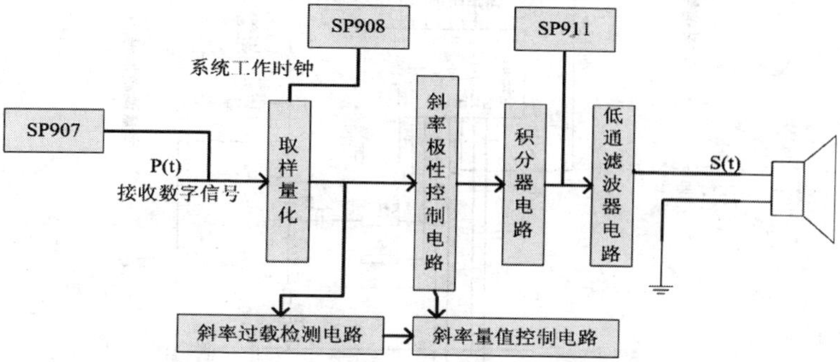

图 3－26 增量调制系统译码器电路结构方框图

由发端送来的编码数据信号送到接收数据输入端。本系统因为是译码电路，接收数据信码经过数字输入运算放大器整形后送到移位寄存器，后面的工作过程与编码时相同，只是解调信号直接送入后面的积分网络中，再通过接收通道低通滤波电路滤去高频量化噪声，然后送出话音信号，推动喇叭。

本实验电路原理图见图 3－27 和图 3－28。

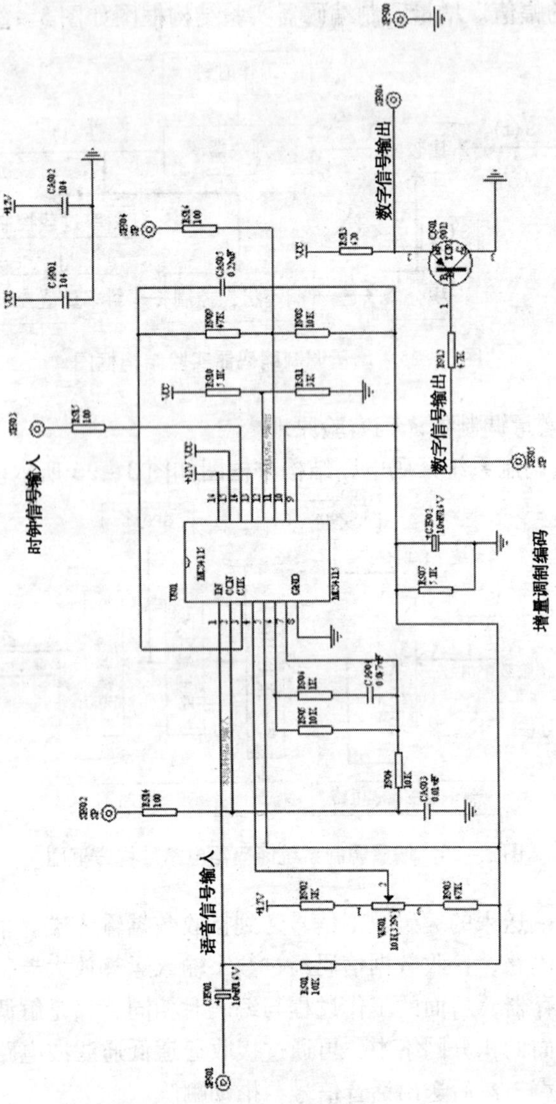

图 3－27　△M 编码电路

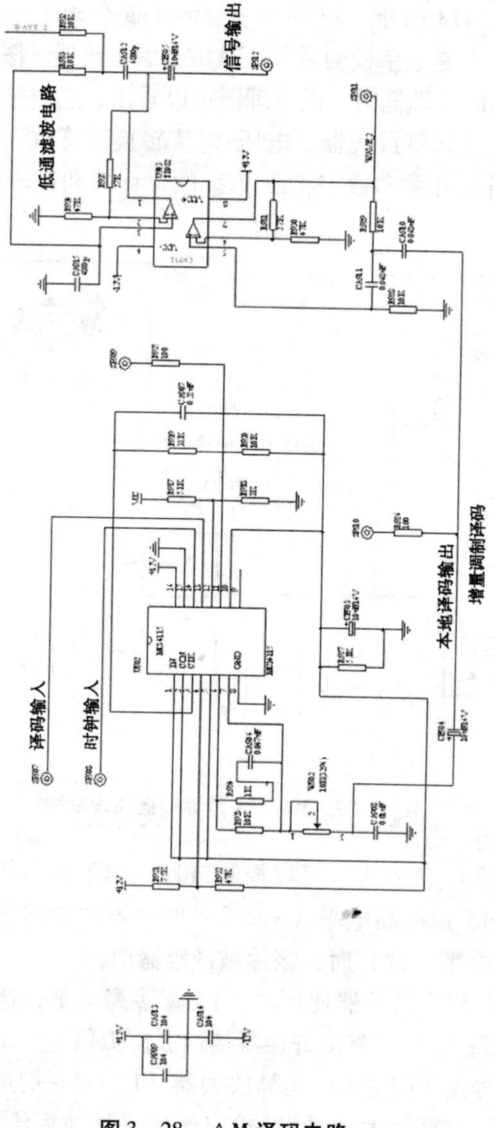

图 3－28　△M 译码电路

4. MC3418 简介。MC3418 是 Motolola 公司生产的通信专用集成电路，它是数字检测音节压扩增量编译码器。图 3－29 给出了 MC3418 的原理框图，由原理图可以看出，它由模拟输入放大器、数字输入运算放大器、电压/电流转换运算放大器、极性开关、工作选择开关和数字检测（移位寄存器和逻辑电路）等部分构成。

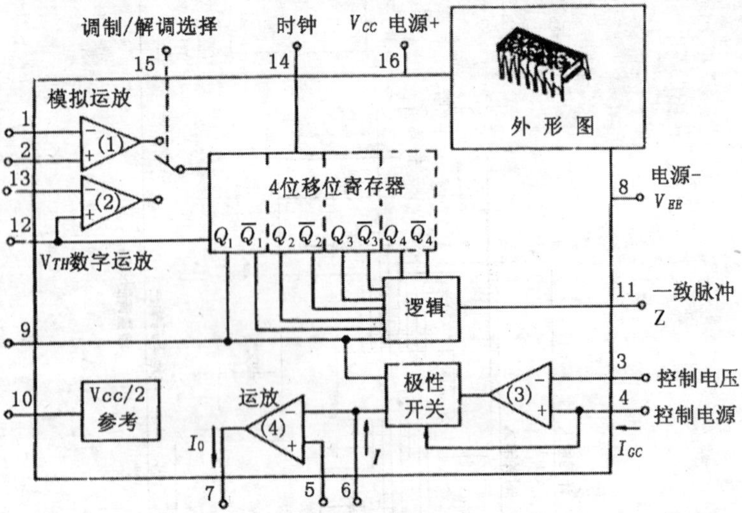

图 3－29　MC3418 编译码器原理框图

第 15 脚的工作电平可以控制该片工作于编码状态或译码状态：当第 15 脚接高电平（Vcc/2）时，该片做编码器用；当第 15 脚接低电平（地）时，该片做译码器用。

当该片作为编码器使用时，15 脚接高电平，这时工作开关使模拟运放（1）与移位寄存器接通。模拟信号由 1 脚输入，本地译码信号由 2 脚输入，运算放大器（1）对它们进行比较并将差值放大。运算放大器（1）输出经电平转换后给出数字信码，在 14 脚输入的时钟后沿时刻，运算放大器（1）输出的结果进入移位寄存器。这一结果也同时接到 9 脚和极性开关，前者作为数字码输出，后者用来控制流入积分器的电流的极性。积分运算放大器（4）与外接的 RC 网络构成积分器，受极性开关控制的电流在此积分后累加形成本地译码信号。四级移位寄存器和逻辑电路完成检测功能。当有四个连“1”或连“0”码出现时，从 11 脚输出一个负极性的一致脉冲。一致脉冲经外接音节滤波器平滑之后得到量阶控制电压，此电压反映了前一段时间内模拟输入信号的平均斜率。量阶控制电压加到第 3 脚，由内部 V/I 转换电路决定 4 脚的电流随 3 脚的电压变化。当 4 脚通过外接电阻连接到某一固定电位上，则流入 4 脚的电流就随 3 脚的控制电压变化，从而将控制电压的变化转换为控制电流的变化。V/I 转换器的输出电流与 4 脚的输入电流相等，此电流经极性开关送到积分运算放大器（4），因此，积分量阶的大小就随着输入模拟信号的平均斜率而变化，这样就形成了数字检测音节的压扩过程。

在作译码器应用时，第 15 脚通过一只 10KΩ 电阻接地，这时模拟运算放大器（2）与移位寄存器接通。信码由 13 脚输入与 12 脚的阀电平比较，然后经运算放大器（2）整形后送到移位寄存器，经再定时的信码从 9 脚输出。其后的工作过程则与编码器一样，只是译码信号不再送回第 2 脚而是送往接收滤波器。

5. 单积分电路。MC3418 内部仅有积分运算放大器，为完成本地译码过程，需要外接一个网络。用户可以根据自己的需要用外接 RC 网络接成单积分、双积分等电路。本实验给出一种单积分电路的实例。

单积分器电路如图 3－30 所示。积分运算放大器的输入阻抗很高，从极性开关的量阶控制电流几乎全部进入电阻 R 和电容 C。网络的阻抗传递函数可以写成：

$$H(s)=[V(s)]/[I(s)]=-\{1/[(1/R)+SC]\}$$

经整理后得到：

$-[V(s)]/[I(s)]=(1/C)/[S+1/(RC)]=K/(S+W_0)$ (1)

其中 $K=1/C, W_0=1/(RC)$。

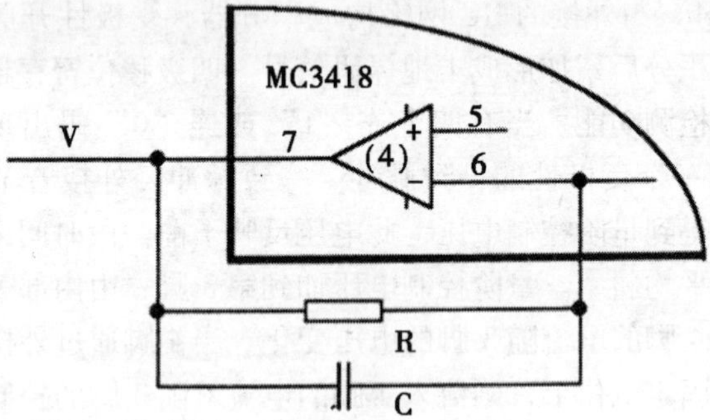

图 3－30　单积分电路图

$F_0=W_0/2\pi$ 为积分器的截止频率，它应低于语音信号的最低频率（一般认为是 300Hz）。

当 $R=10K\Omega$，$C=0.1\mu f$ 时，$F_0=159Hz$。

将式（1）写成时域形式：

$-I=V/R+C(dv)/dt$ (2)

有关资料指出编码器约在 +12dBm（$f=1000Hz$）处为临界过载，因此，对输入信号的最大幅度为 4.36V，这时流过积分器的最大电流为：

$$Imax=Icmax=C(dv)/dt=0.1\times10\times2\pi\times1000\times4.36$$
$$=2.7mA$$

另外，由编码器要求的最小量阶电压可求出当采样率 $fs=32KHz$ 时，最小控制电流应为：

$Imin=9.6\mu A$

因此，积分电路对应的控制电流压缩比应达到 258，相当于 49dB。最大与最小控制电流分别由 4 脚外接电阻 Rx 和 Rmin

决定。

3.4.7 实验方法与步骤

1. 打开实验箱右侧电源开关，电源指示灯亮。

2. 连接 SP201 与 SP111 接入 2K 同步方波产生 2K 同步正弦波。

3. 将同步正弦波信号 SP202 接入 SP501。

4. SP502 和 SP506 分别输入增量编码和译码实验中各工作时钟，有三种频率可供选择：16KHz、32KHz、64KHz。

注意：编码工作时钟应与译码工作时钟一致。

5. 连接 SP503 和 SP505，将编译的数字信号送入译码电路。

6. 测量 TP501 ~ TP509 各点波形。

［备注］ 测量点说明

TP501 的波形如图 3 – 31。

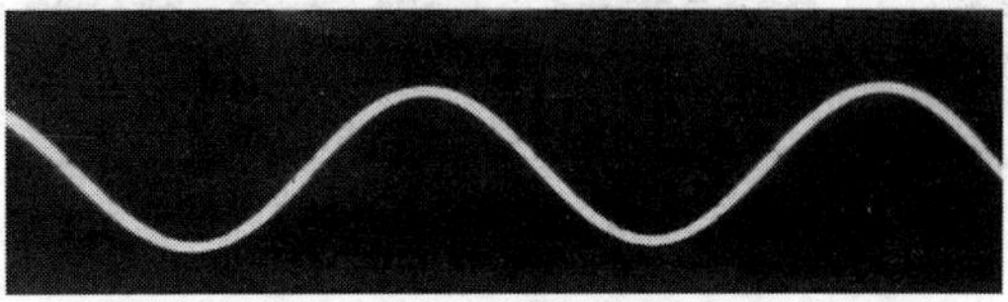

图 3 – 31 TP501 的波形图

TP502 的波形如图 3 – 32。

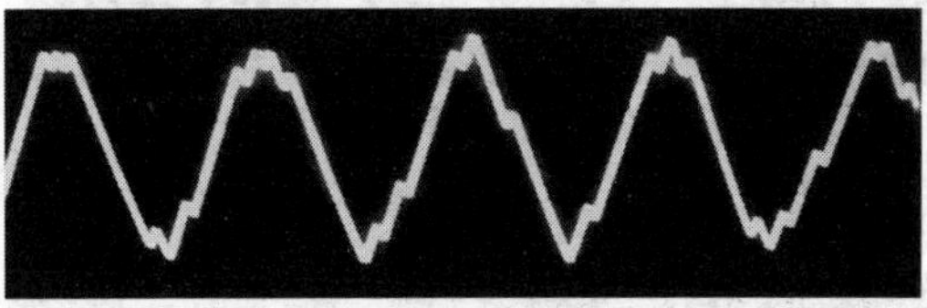

图 3 – 32 TP502 的波形

TP503 的波形如图 3－33。

图 3－33　TP503 的波形如图

TP504 的波形如图 3－34。

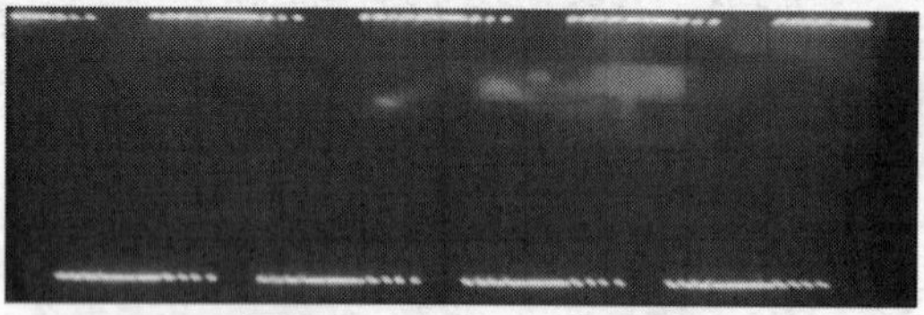

图 3－34　TP504 波形图

TP506 的波形如图 3－35。

图 3－35　TP506 的波形图

TP507 的波形如图 3－36。

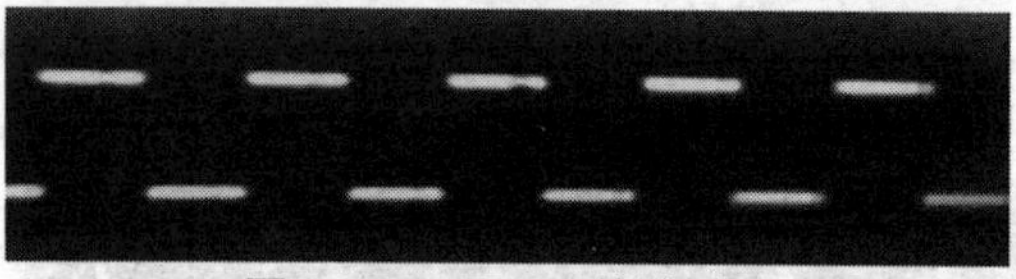

图 3－36　TP507 的波形图

TP508 的波形如图 3－37。

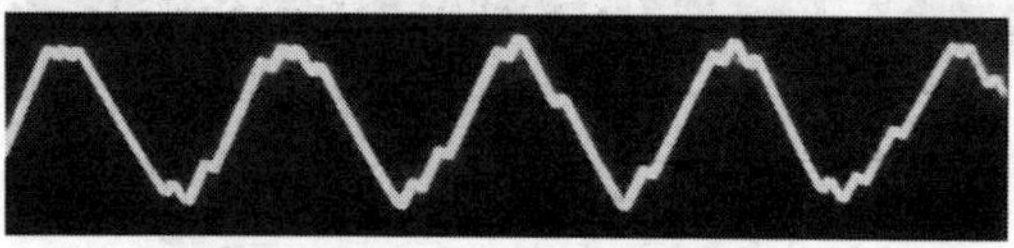

图 3－37　TP508 的波形图

TP511 的波形如图 3－38。

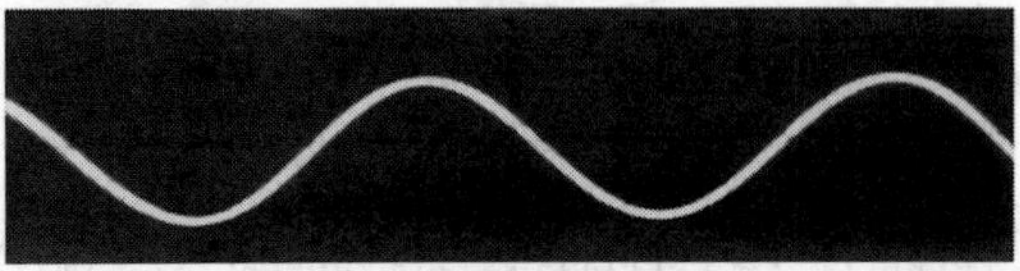

图 3－38　TP511 的波形图

7. 改变编译码的工作时钟，再测量上述各点波形。

8. 将 SP501 接到 SP204，SP508 接到 SP207，按音乐播放按钮；由喇叭输出，直观感受改变有关参数对通信质量的影响。

［备注］　测量点说明

TP501：模拟信号输入端。输入 300Hz～3400Hz 的模拟信号，若幅度过大，当信号的实际斜率超过译码器的最大跟踪斜率时，本地译码波形跟踪不上信号的变化，将造成过载噪声。因此信号波形幅度尽量小一些。

TP502：增量调制编码电路的本地译码信号输出波形。

TP503：发送端时钟信号。

TP504：增量调制编码电路输出的数字编码信号波形。

TP505：一致脉冲信号输出波形，它随输入信号波形的变化而变化。当编码数字信号出现三个连 0（或三个连 1）时，一致脉冲信号输出负电平，直至连 0（或连 1）现象停止，返回正电平输出；与 TP509 一致。

TP506：增量调制译码电路接收的数字编码信号输入波形。

TP507：增量调制译码电路的工作时钟输入波形，工作频率为 64KHz 或 32KHz 或 16KHz。

TP508：增量调制译码电路的收比较波形；与 SP510 同，译码信号。

TP511：由译码部分的本地译码信号经过滤波器后得到。若恢复得好，应与 TP501 同。

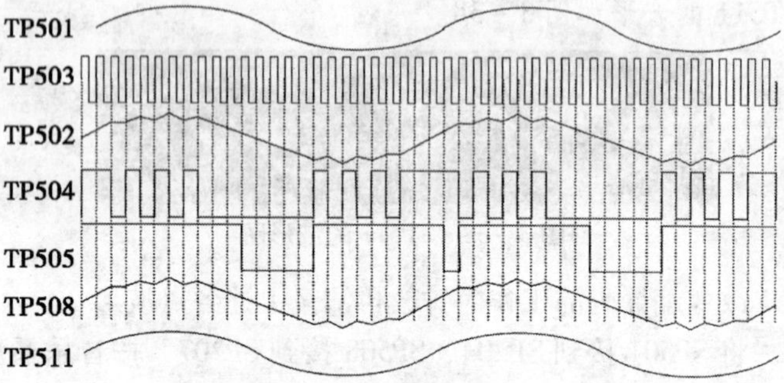

图 3－39　增量调制编译码电路信号理想波形示意图

3.4.8　实验报告要求

实验前应认真阅读实验指示书，明确实验目的，了解实验原理、内容，掌握实验步骤及注意事项，并写出预习报告，内容包括：

1．实验目的。

2．实验仪器、设备连接方框图，并标明测试点。

3．实验记录表格及测试步骤。

4．实验指示书上规定的其他内容。做完实验，接着做总结。

5．实验仪器名称、型号和编号。

6．实验数据整理、实验现象分析。

7．实验方法及仪器使用总结。

8．思考题讨论。

实验报告在实验完成后一周内交到实验室，一律用学校规定的实验报告纸写，实验波形一律在坐标方格纸上由绘图尺完成。发回的报告应保存好，以备考查。

3.4.9 参考资料

参考书：

1. 樊昌信等. 通信原理（第五版）. 北京：国防工业出版社，2003

2. 曹志刚，钱亚生编. 现代通信原理. 北京：清华大学出版社，2000

3.4.10 思考题

1. 集成化 ΔM 编译码系统由哪些部分构成？各部分的作用是什么？

2. 在通话的质量方面，你认为该实验系统如何改进方能提高话音的质量，及对本实验有何改进意见？

3.5 实验四 FSK 移频键控系统实验

3.5.1 实验内容

1. 观察记录 FSK 调制的各观测点的波形。
2. 掌握利用锁相环解调 FSK 的原理和实现方法。

3.5.2 实验目的和要求

1. 理解 FSK 调制原理及其实现方法。
2. 理解 FSK 解调原理及其实现方法。

3.5.3 预习要求

1. 复习 FSK 调制解调的工作原理。
2. 了解本实验电路的基本组成。

3.5.4 实验设备（软、硬件）

1. TLS－T302 通信原理实验箱一台。
2. 20M 双踪模拟示波器一台。

3.5.5 仪器使用说明

1. 使用仪器之前必须了解其性能、操作方法及其注意事项，在使用时应严格遵守。

2. 实验时接线要认真，相互仔细检查，确定无误才能接通电源，初学者或没有把握时应经指导教师审查同意后再接通电源。

3. 通信原理实验注意：

（1）实验时，示波器的幅度档一般设置在 2V 档，探头设置为无衰减，接地夹子应先接地。

（2）一般情况下，本实验平台上元器件的标号都是按照模块划分的。例如，标号 SP301 和 SPX01 的方式，“SP” 即表示测量点，“301” 和 “X01” 中的 “3” 和 “X” 表示功能模块，“01” 表示编号。根据元器件的标号能很快找到其在平台上的具体位置。

[备注]　标号的首字母意思

SP、TP：表示波形测量点或信号输入输出铜铆孔；

U：表示芯片集成电路；

R：表示电阻；

CA：表示普通电容；

CE：表示电解电容；

J：表示接插件；

JZ：表示晶振或晶体；

K：表示选择开关；

W：表示电位器等。

(3) 对低频信号发生器进行输出幅度调整时，一定用示波器观测输出电压峰—峰值是否达到要求，严禁不经观测擅自调整其电压输出。

(4) 使用示波器时，要注意示波器探头的衰减倍数的设置应为无衰减，以得到正确的测试结果。

3.5.6　实验原理

移频键控调制，或称数字频率调制，是数字通信中使用较早的一种调制方式。数字频率调制的基本原理是利用载波的频率变化来传递数字信息。在数字通信系统中，这种频率的变化不是连续的，而是离散的。例如，在二进制的数字频率调制系统中，可用两个不同的载频来传递数字信息。移频键控调制常常可以写成 FSK（FREQUENCY SHIFT KEYING）。

FSK 广泛应用于低速数据传输设备中，根据国际电报和电话咨询委员会（CCITT）的建议，传输速率为 1200 波特以下的设备一般采用 FSK。

FSK 方法简单，易于实现，解调不需要恢复本地载波，可以异步传输，抗噪声和抗衰落性能也较强。由于这个原因，FSK 是在模拟电话网上用来传输数据的低速、低成本异步调制解调器的一种主要调制方式。

在一个 FSK 系统中，发端把基带信号的变化规则转换成对应的载频变化，而在收端则完成与发端相反的转换。由于 FSK 信号在信道中传输的是两个载频的切换，那么其频谱是否就是这两个载波的线谱呢？或者说信道的频带只要这两个载频之差就够了呢？答案是否定的。

设 FSK 的两个载频为 F1、F2，其中心载频为 $F_0 = (F_1 + F_2)/2$；又设基带信号的速率为 Fs。这样，经过分析，FSK 的频谱如图 3－40 所示。图 3－40 中曲线 a 对应的 $F_1=F_0+Fs$，$F_2=F_0-Fs$，曲线 b 对应的 $F_1=F_o+0.4Fs$，$F_2=F_0-0.4Fs$。

从图 3－42 中可以看出：

（1）FSK 频谱由连续谱和线谱组成，线谱出现在两个载频位置上。

（2）若两个载频之差较小，比如小于 Fs，则连续谱出现单峰，若两个载频之差逐渐增大，即 F_1 与 F_2 的距离增大，连续谱将出现双峰。

（3）由此可见，传输 FSK 信号所需的频带 ΔF 约为：

$\Delta F=|F_2—F_l|+2Fs$

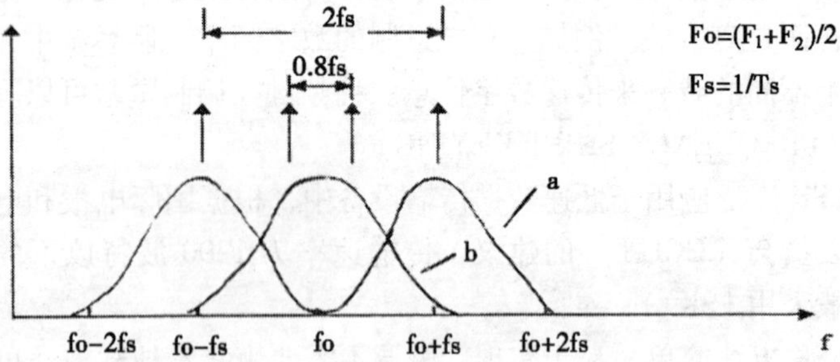

图 3－40　相位不连续信号的频谱示意图

FSK 调制解调电原理图见图 3－41，实验电路的总方框图如图 3－42 和图 3－43。

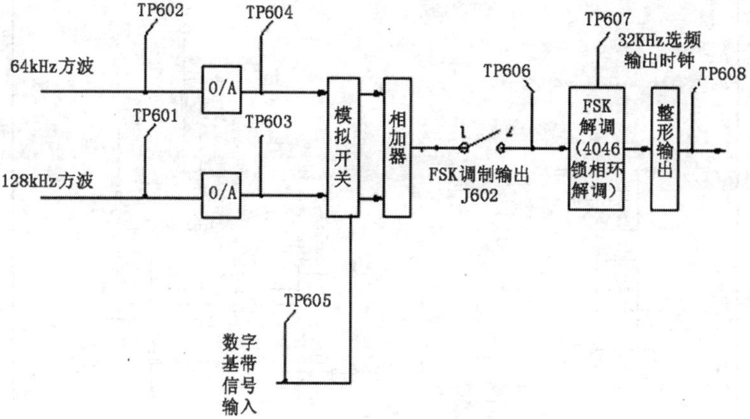

图 3－41　FSK 调制解调电原理框图

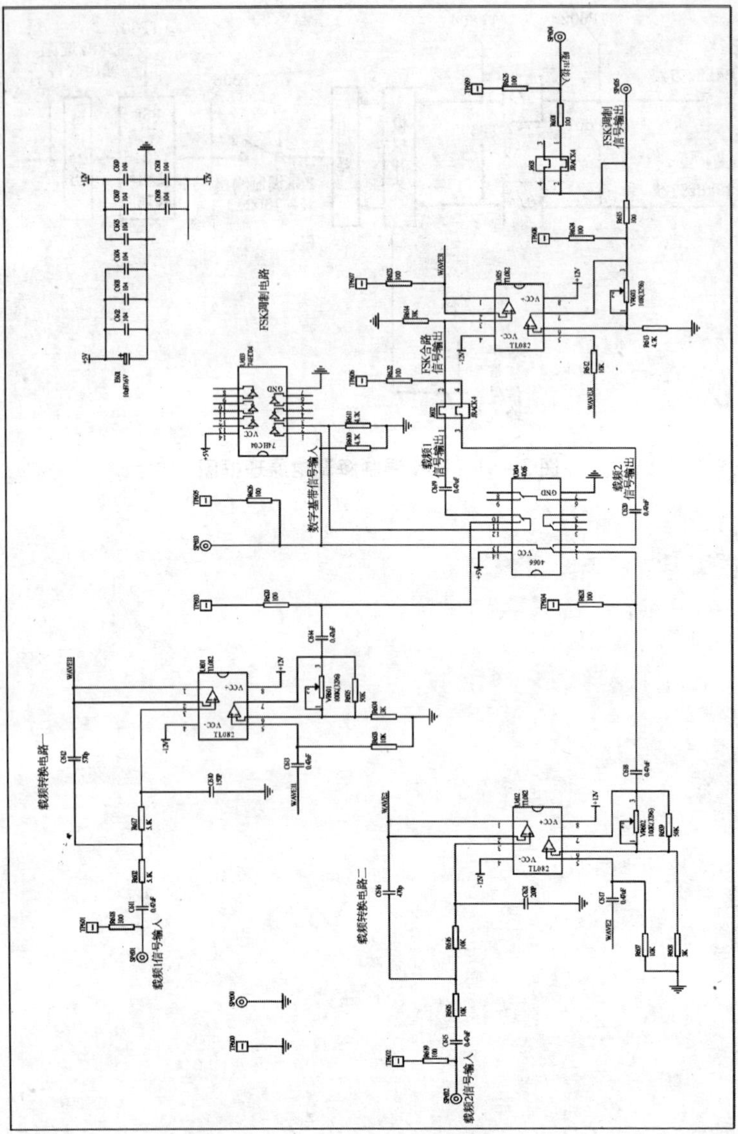

图 3－42　FSK 调制实验电路

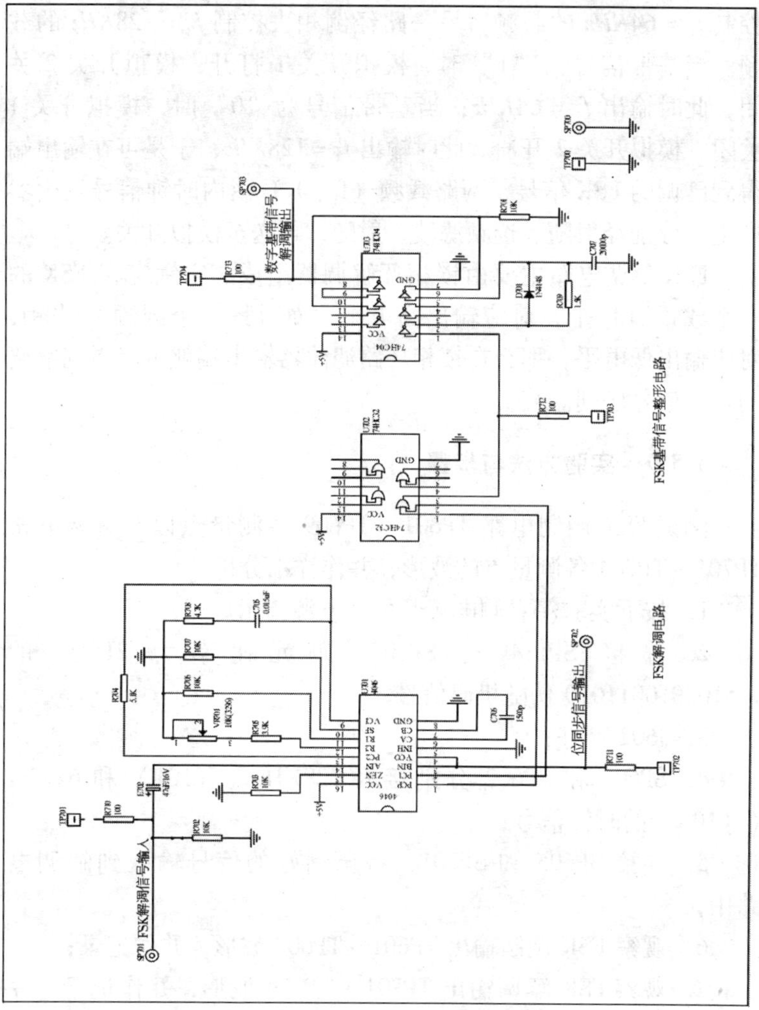

图 3－43　FSK 解调实验电路

在 FSK 调制解调电路中，输入的基带信号分成两路，一路控制 $f_1=64KHz$ 的载频，另一路经倒相去控制 $f_2=128KHz$ 的载频。当基带信号为“1”时，模拟开关 1 打开，模拟开关 2 关闭，此时输出 $f_1=64KHz$；当基带信号为“0”时，模拟开关 1 关闭，模拟开关 2 开通。此时输出 $f_2=128KHz$，于是可在输出端得到已调的 FSK 信号，两路载频（f_1、f_2）由内时钟信号发生器产生，分别经射随、选频滤波、射随，再送至模拟开关。

FSK 解调电路主要由锁相环解调器组成。它锁定在 FSK 的一个载频如 f_1 上，对应输出高电平，而对另一个载频 f_2 失锁，对应输出低电平，那么在锁相环路滤波器输出端就可以得到解调的基带信号序列。

3.5.7 实验方法与步骤

测试 FSK 调制电路 TP601 ~ TP609 各测量点以及解调电路 TP701 ~ TP704 各测量点的波形，并作详细分析。

1. 按下实验箱右侧电源开关，电源指示灯亮；
2. 连接 SP114 与 SP603：码元速率为 2KB/s 的 111100010011010 伪随机码信号；
3. J602 接好；
4. SP601 和 SP602 分别接入 128KHz（SP101）和 64KHz（SP106）的时钟信号；
5. 连接 SP605 和 SP701，将调制好的信号输入到解调电路中；
6. 观察 FSK 调制输出 TP601 ~ TP609 波形，并作记录；
7. 观察 FSK 解调输出 TP701 ~ TP704 波形，并作记录，并同时观察 FSK 调制端的基带信号，比较两者波形，观察是否有失真。

[备注] 测量点说明

TP601：128KHz 方波信号，由 U101 芯片（EPM7128）编程产生；

TP602：64KHz 方波信号，由 U101 芯片（EPM7128）编程产生图 3－44。

TP601:
TP602:

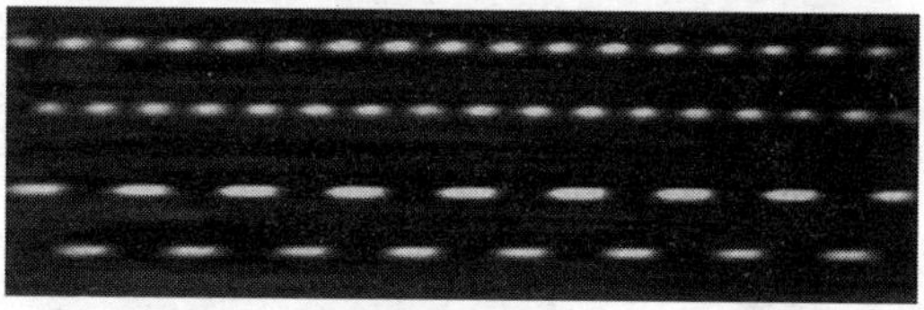

图 3－44 方波信号图

TP603：128KHz 载波信号；

TP604：64KHz 载波信号，波形如图 3－45。

TP603:
TP604:

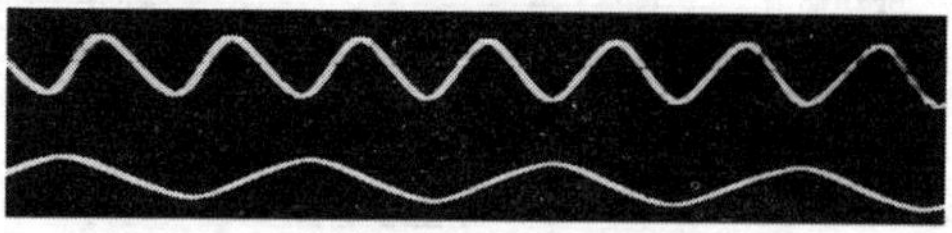

图 3－45 载波信号图

TP605：数字基带信码信号输入，码元速率为 2KHz 的 111100010011010 码或 2KHz 方波（由实验人员选择输入）。波形如图 3－46。

TP605:

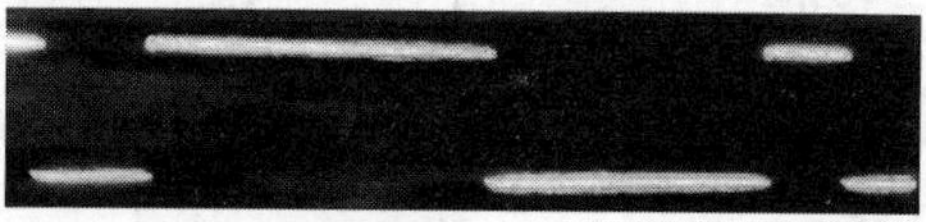

图 3－46 基带信号

TP606：FSK 调制信号输出，此测量点需使用双踪对比测量，另一踪（触发）测量 TP605。波形如图 3－47。

图 3-47 TP605 波形图

TP702：FSK 解调电路中压控振荡器输出时钟的中心频率；

TP704：FSK 解调信号输出，即数字基带信码信号输出，波形同 TP605。

［备注］ 在 FSK 解调时，数字基带信号的频率与载频的频率应满足 4F≤fc 的关系，否则它们的频谱重叠，FSK 解调电路解调不出此时的数字基带信码信号。

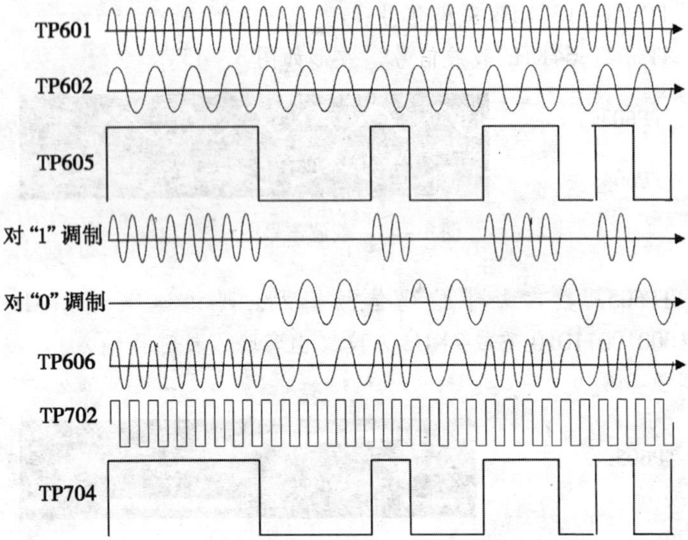

图 3-50 FSK 频移键控原理理想波形图

3.5.8　实验报告要求

实验前应认真阅读实验指示书，明确实验目的，了解实验原理、内容，掌握实验步骤及注意事项，并写出预习报告，内容包括：

1. 实验目的。
2. 实验仪器、设备连接方框图，并标明测试点。
3. 实验记录表格及测试步骤。
4. 实验指示书上规定的其他内容。做完实验，接着做总结。
5. 实验仪器名称、型号和编号。
6. 实验数据整理、实验现象分析。
7. 实验方法及仪器使用总结。
8. 思考题讨论。

实验报告在实验完成后一周内交到实验室，一律用学校规定的实验报告纸写，实验波形一律在坐标方格纸上由绘图尺完成。发回的报告应保存好，以备考查。

3.5.9　参考资料

参考书：

1. 樊昌信等. 通信原理（第五版）. 北京：国防工业出版社
2. 曹志刚，钱亚生编. 现代通信原理. 北京：清华大学出版社

3.5.10　思考题

1. 简单描述 FSK 系统的组成及各部分的作用。
2. 实现 FSK 调制和解调是否还有别的办法？
3. 分析其输出数字基带信号序列与发送数字基带信号序列

相比有否产生延迟，什么情况下会出现解调输出的数字基带信号序列反向的问题？

3.6 实验五 PSK 调制解调系统实验

3.6.1 实验内容

1. PSK 调制实验，观察记录 TP801 ~ TP808 各测量点的波形。

2. PSK 解调实验，观察记录 TP901 ~ TP905 各测量点的波形。

3.6.2 实验目的和要求

1. 掌握二相相移键控 BPSK（DPSK）调制解调的工作原理及电路组成。

2. 掌握二相绝对码与相对码的码变换方法。

3.6.3 预习要求

1. 复习 PSK 调制解调的工作原理。

2. 了解本实验电路的基本组成。

3.6.4 实验设备（软、硬件）

1. TLS – T302 通信原理实验箱一台。

2. 20M 双踪模拟示波器一台。

3.6.5 仪器使用说明

1. 使用仪器之前必须了解其性能、操作方法及其注意事项，在使用时应严格遵守。

2. 实验时接线要认真，相互仔细检查，确定无误才能接通电源，初学或没有把握应经指导教师审查同意后再接通电源。

3. 通信原理实验注意：

（1）实验时，示波器的幅度档一般设置在 2V 档，探头设置为无衰减，接地夹子应先接地。

（2）一般情况下，本实验平台上元器件的标号都是按照模块划分的。例如，标号 SP301 和 SPX01 的方式，“SP” 即表示测量点，“301” 和 “X01” 中的 “3” 和 “X” 表示功能模块，“01” 表示编号。根据元器件的标号能很快找到其在平台上的具体位置。

［备注］ 标号的首字母意思

SP、TP：表示波形测量点或信号输入输出铜铆孔；

U：表示芯片集成电路；

R：表示电阻；

CA：表示普通电容；

CE：表示电解电容；

J：表示接插件；

JZ：表示晶振或晶体；

K：表示选择开关；

W：表示电位器等。

（3）对低频信号发生器进行输出幅度调整时，一定用示波器观测输出电压峰—峰值是否达到要求，严禁不经观测擅自调整其电压输出。

（4）使用示波器时，要注意示波器探头的衰减倍数的设置应为无衰减，以得到正确的测试结果。

3.6.6 实验原理

1. 调制实验。绝对移相键控（PSK）是采用直接调相法来实现的，也就是用输入的基带信号直接控制已输入载波相位的变化来实现相移键控（PSK 调制原理框图见图 3－49）。

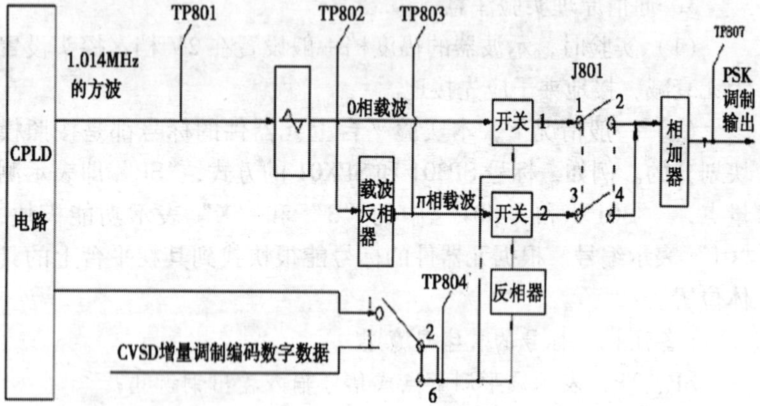

图 3－49　PSK 调制原理框图

本实验中 PSK 调制的载波为 1.024MHz，数字基带信号有 32Kbit/s 伪随机码、2KHz 方波、ΔM 编码信号等。

模拟信号 1.024MHz 载波输入到载波倒相器的反相输入端，在输出端即可得到一个反相的载波信号，即 π 相载波信号。调节电位器 VR801 和 VR802 可使 0 相载波与 π 相载波的幅度相等。

对载波的相移键控是用模拟开关电路实现的。0 相载波与 π 相载波分别加到两个模拟开关的输入端，在数字基带信号的信码中，它的正极性加到模拟开关 1 的输入控制端，它的反极性加到模拟开关 2 的输入控制端，用来控制两个同频反相载波的通断。当信码为“1”码时，模拟开关 1 的输入控制端为高电平，开关 1 导通，输出 0 相载波；而模拟开关 2 的输入控制端为低电平，开关 2 截止。反之，当信码为“0”码时，模拟开关 1 的输入控制端为低电平，开关 1 截止；而模拟开关 2 的输入控制端却为高电平，开关 2 导通，输出 π 相载波。两个模拟开关的输出通过载波输出开关 J801 合路叠加后输出为二相 PSK 调制信号。

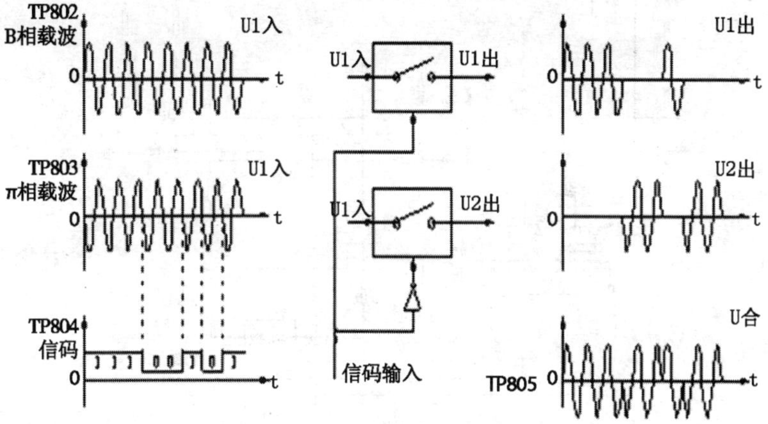

图 3－50 模拟开关相乘器工作波形

DPSK 是利用前后相邻码元对应的载波相对相移来表示数字信息的一种相移键控方式。

绝对码是以基带信号码元的电平直接表示数字信息的，如规定高电平代表“1”，低电平代表“0”。

相对码是用基带信号码元的电平与前一码元的电平有无变化来表示数字信息的，如规定：相对码中有跳变表示 1，无跳变表示 0。

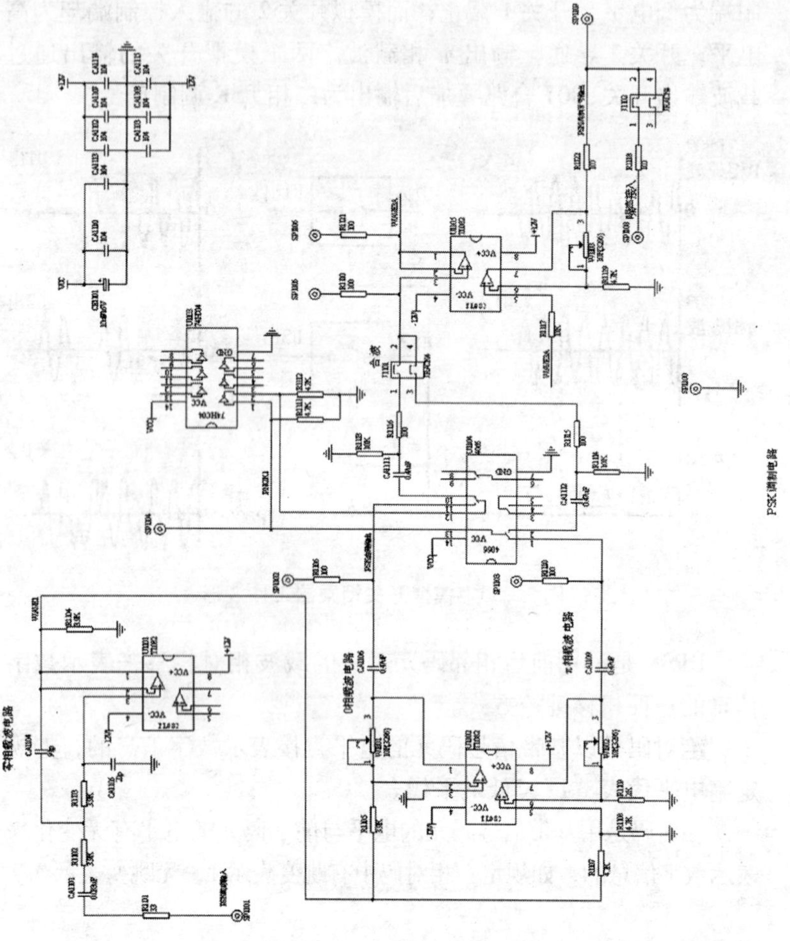

图 3 - 51　PSK 调制实验电路图

2. 解调实验。该解调器（方框图见图 3 - 52）由三部分组成：载波提取电路、位定时恢复电路与信码再生整形电路。解调实验的电路图见图 3 - 54。

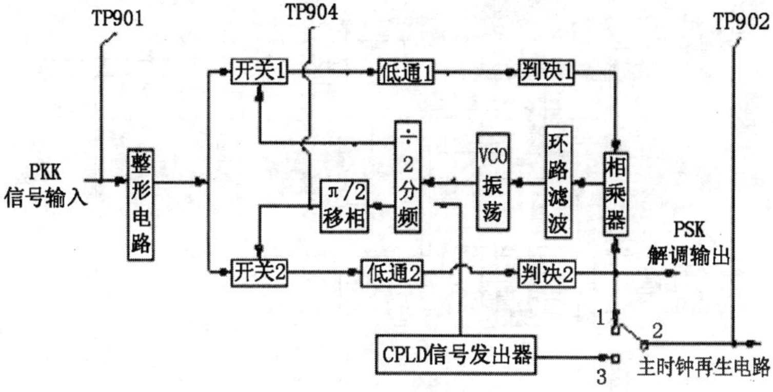

图 3－52　解调器方框图

（1）二相相移键控（BPSK，DPSK）信号输入电路。

（2）提取载波原理。图 3－53 是解调环各输出测量点波形图。从图中可看出该解调环路的优点是：该解调环在载波恢复的同时，即可解调出数字信息；解调环电路结构简单，整个载波恢复环路可用模拟和数字集成电路实现。但该解调环路的缺点是存在相位模糊。

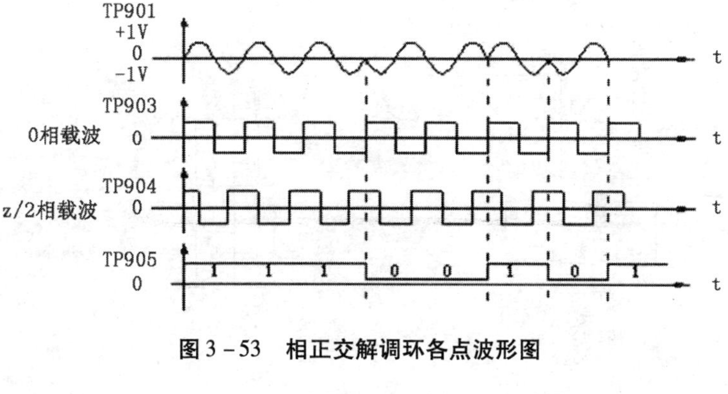

图 3－53　相正交解调环各点波形图

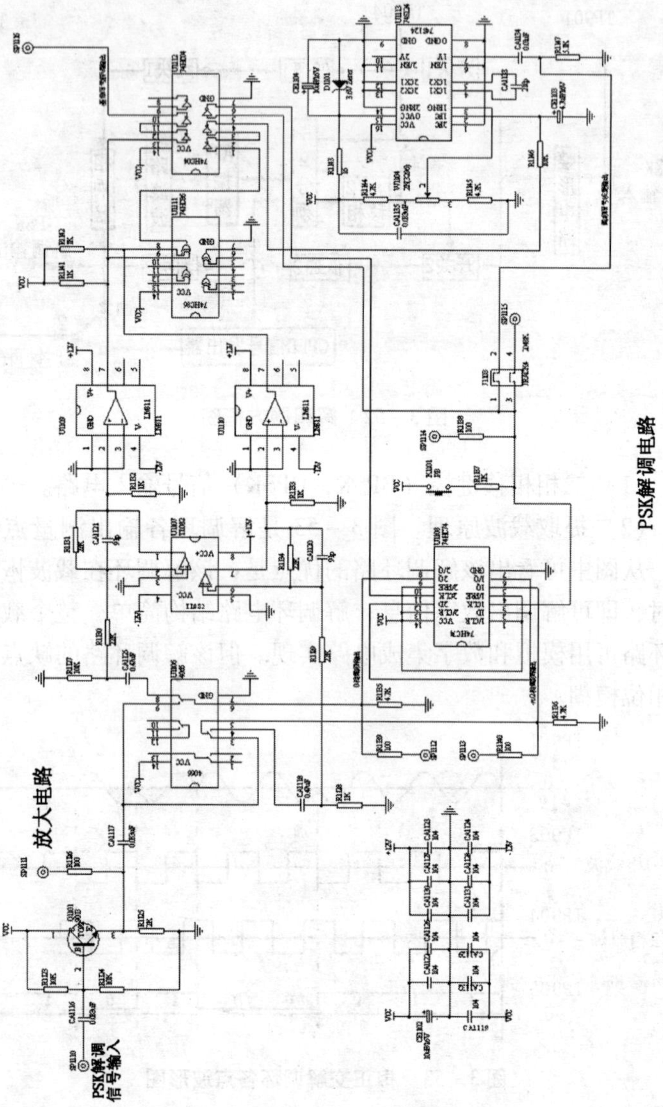

图 3－54　PSK/DPSK 解调实验电路图

3.6.7 实验方法与步骤

1. 打开实验箱右侧电源开关，电源指示灯亮。

2. 连接 SP113 与 SP802，接入 32KHz 的基带信号。SP801 接入 1024KHz 的方波信号。

3. 连接 SP804 和 SP901，将调制好的载波信号输入到解调电路中。

4. 将本实验电路调整到最佳状态，逐一测量调制电路 TP801 ~ TP808 各点处和解调电路 TP901 ~ TP905 各点处的波形，画出波形图并作记录，注意相位、幅度之间的关系。

［备注］ 测量点波形

TP801：1024KH 方波图如图 3－55。

TP801:1024KH方波:

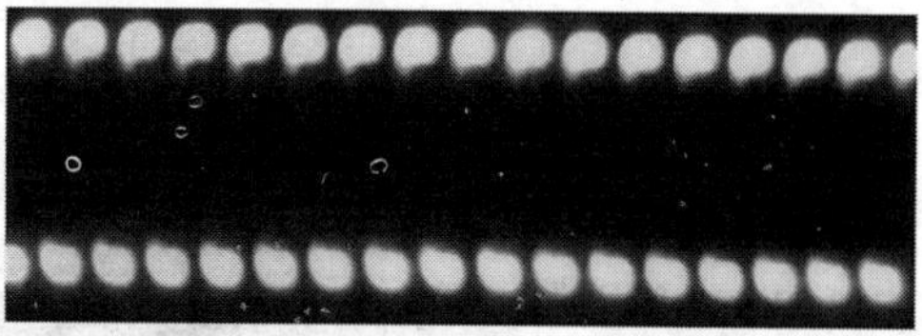

图 3－55　TP801：1024KH 方波

载波 1 和载波 2 的实际波形如图 3－56。

TP802: 载波1:

TP803: 载波2:

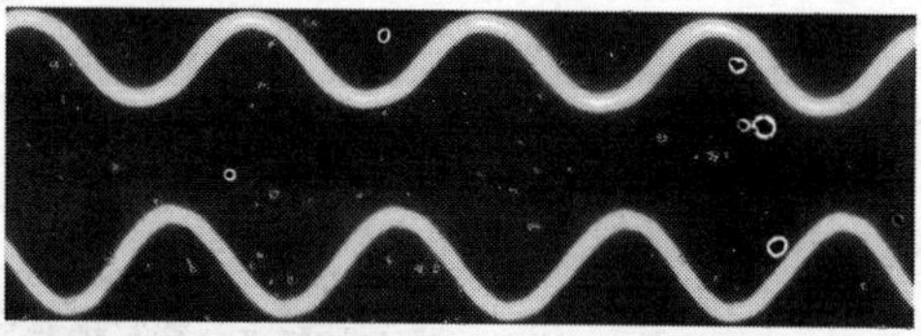

图 3－56　载波 1 和载波 2 的实际波形图

数字基带信号实际波形如图3－57。

TP804:32K伪随机码:

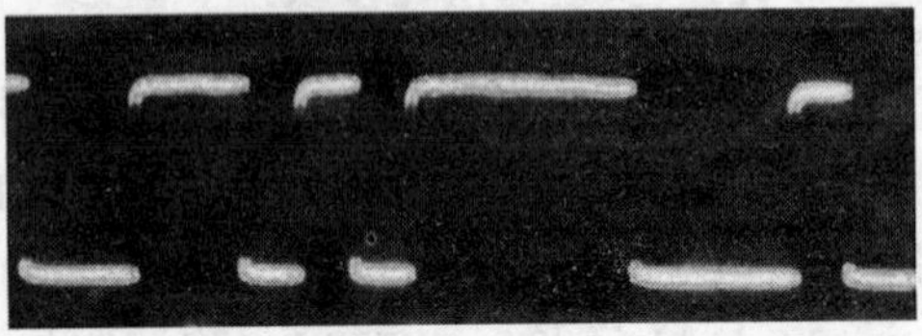

图3－57　数字基带信号实际波形图

PSK实际波形如图3－58。

TP804:32K伪随机码:

TP807:PSK调制信号:

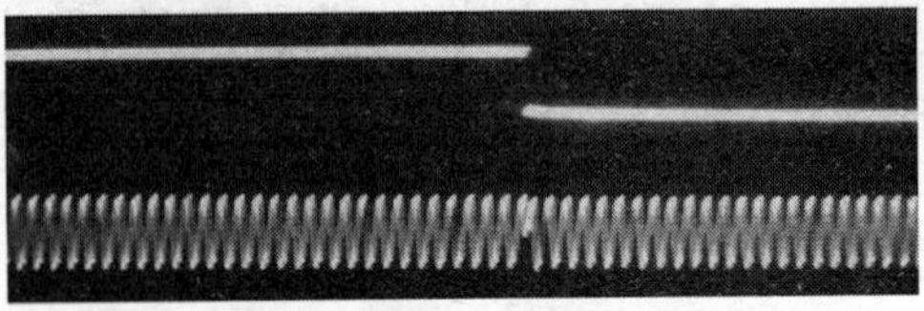

图3－58　PSK实际波形

PSK调制信号如图3－59。

TP804:32K伪随机码:

P901:PSK调制信号:

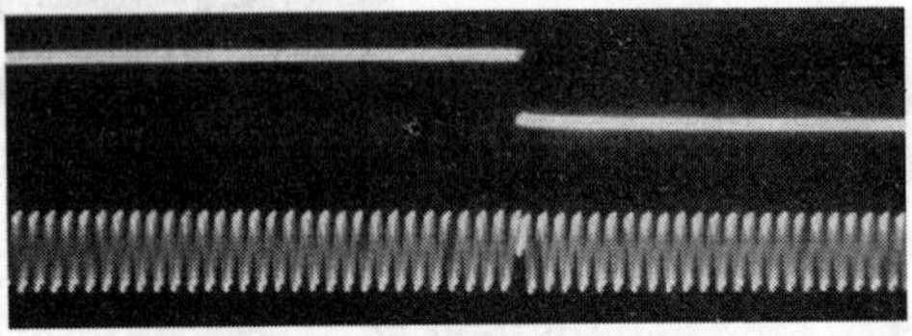

图3－59　PSK调制信号图

压控振荡器输出2048KHz的载波信号如图3－60。

TP902:2048KHz方波信号:

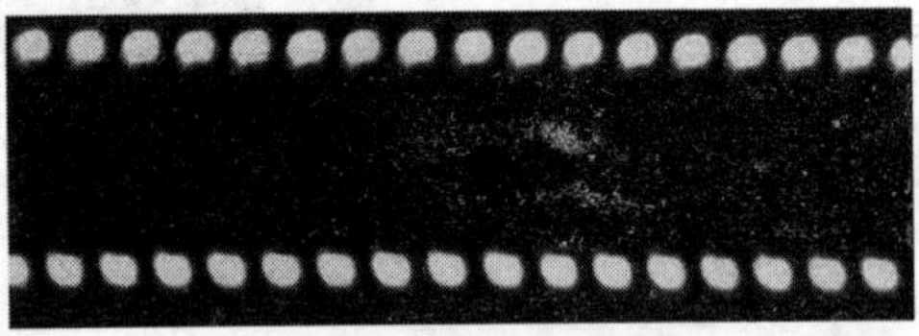

图3－60　载波信号图

频率为1024KHz的0相载波输出信号和频率为1024KHz的π/2相载波输出信号对比如图3－61所示。

TP903:0相载波输出信号:
TP904:π/2相载波输出信号:

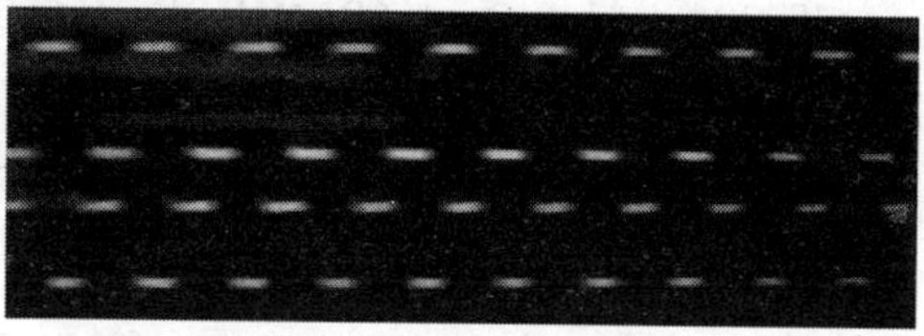

图3－61 载波输出信号图

PSK解调输出波形如图3－62所示。

TP905：PSK解调信号:

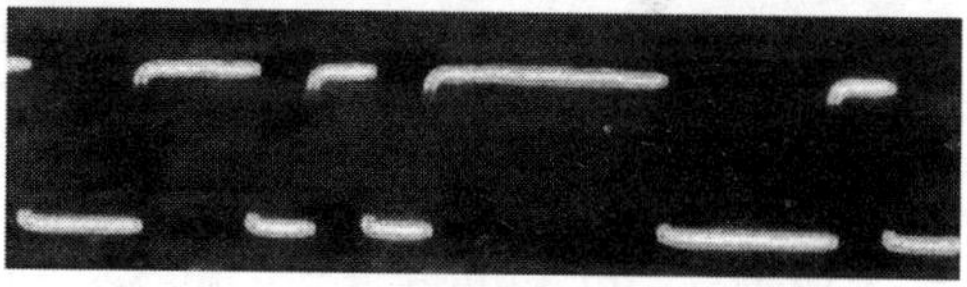

图3－62 PSK解调输出波形图

［备注］ 测量点说明

TP801：频率为1.024MHz方波信号，由U101芯片（EPM7128）编程产生。

TP802：1.024MHZ载波正弦波信号。

TP803：1.024MHZ载波正弦波信号，与SP802反π相。

TP804：作为数字基带信码信号输入波形，伪随机码32KB/s码型为111100010011010BPSK或其相对码DPSK或2KHz的方波。

TP807：PSK调制信号输出波形。由开关J801决定：

1－2相连3－4断开时，SP804为0相载波输出；

1－2断开3－4相连时，SP804为π相载波输出；

1－2和3－4均相连时，SP804为PSK调制信号叠加输出。

TP808：衰减或放大的PSK调制信号输出。

TP902：压控振荡器输出 2.048MHz 的载波信号。

TP903：频率为 1.024MHz 的 0 相载波输出信号。

TP904：频率为 1.024MHz 的 π/2 相载波输出信号，对比 TP903。

TP905：PSK 解调输出波形，即数字基带信号。如图 3－63 所示。

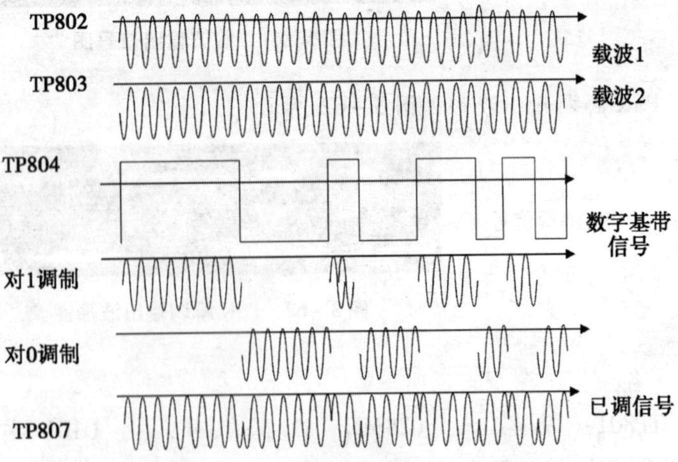

图 3－63　PSK 调制模块波形示意图

3.6.8　实验报告要求

实验前应认真阅读实验指示书，明确实验目的，了解实验原理、内容，掌握实验步骤及注意事项，并写出预习报告，内容包括：

1. 实验目的。
2. 实验仪器、设备连接方框图，并标明测试点。
3. 实验记录表格及测试步骤。
4. 实验指示书上规定的其他内容。做完实验，接着做总结。

5. 实验仪器名称、型号和编号。

6. 实验数据整理、实验现象分析。

7. 实验方法及仪器使用总结。

8. 思考题讨论。

实验报告在实验完成后一周内交到实验室，一律用学校规定的实验报告纸写，实验波形一律在坐标方格纸上由绘图尺完成。发回的报告应保存好，以备考查。

3.6.9 参考资料

参考书：

1. 樊昌信等. 通信原理（第五版）. 北京：国防工业出版社

2. 曹志刚，钱亚生编.《现代通信原理》. 北京：清华大学出版社

3.6.10 思考题

1. 简单描述 PSK 系统的组成及各部分的作用。

2. 根据实验测试记录（波形、频率、相位、幅度以及时间对应关系）依此画出调制解调器各测量点的工作波形，并给以必要的说明。

第二篇 基于 TIMS 平台的通信系统仿真实验(设计性)

为了了解某种传输方式的特性，最理想的办法莫过于先把它做出来，再对其进行实际测量。不过实际制作一套通信系统所需的周期长、代价高，这就需要有一套模拟仿真系统，利用仿真系统将实验模拟出来，这样可以降低成本。虽然仿真实验不像硬件实验那样让人感到“真实”，但对于许多通信问题的研究来说的确非常有效。与传统的硬件实验相比，软件仿真实验具有如下一些优点：

第一，仿真实验具有广泛的适应性和极好的灵活性。在硬件实验中改变系统参数也许意味着要重做硬件，而在仿真实验中则只是修改一两个数据，甚至只是在屏幕上按几下鼠标。

第二，仿真实验更有助于我们较为全面地研究通信系统。有许多问题，通过硬件实验来研究可能非常困难，但在仿真实验中却易于解决。

第三，硬件实验的精确度取决于元器件及工艺水平，仿真实验的精度取决于 CPU 的运算速度或者说是程序的运算量。

第四，实验建设开发周期短，成本低。

某种传输方法，当我们把它做成实际系统后，它理应符合通信原理的理论对它的描述。如果用通信仪表对实际系统进行实际测量的话，实测结果应该同理论分析给出一致的结果。如果这两个结果不一致，一般只可能是这样两种情况：一是理论中所假设的某些模型并不能完全正确地反映实际情况，如通信原理中经常假设信道是一个理想滤波器，而实际信道则有可能是一个多径信道；二是硬件制作可能存在实现上的误差，也就是说制作的某一个或某几个部件的实际性能之间有一些差距。换句话说，如果在理论阶段所依赖的模型是充分可信的，如果将要制作的硬件确实能够按我们的要求去工作，那么就可以在制作硬件之前，先对即将要制作的实际传输系统做充分的研究，并据此对系统设计是否合理作出评判，如果设计是合理的我们就可以放心地去实现系统，不然就需要修改现有设计再做分析。

然而在通信系统中，除非个别极简单的情况外，一般很难用推公式这种解析的办法得到系统的各项性能指标。但是这并不意味着我们无法在设计阶段验证系统的各项性能，模拟仿真就是一个行之有效的方法，本实验主要应用软件工具 MATLAB 对通信原理课程中的 FSK 信号的调制和解调过程进行计算机模拟仿真，通过仿真证明其所具备的特性，从而推广到实际的硬件运用中。

第四章　通信原理教学实验系统（TIMS）简介

TIMS 是由 TELECOMMUNICATIONS INSTRUCTIONAL MODELING SYSTEM（通信教学实验系统）的起首字母所组成的缩略字，是针对大专以上的通讯和信号处理课程所作的实验室教学系统。

4.1　通信教学实验系统介绍

TIMS 是提供理工科的学生实际学习通信理论与技术的实验系统。TIMS 让学生通过动手做获得实际学术知识的同时，提供了一个开放的教学系统，让老师可以验证任何模拟、数字调制或编码技术。在 TIMS 的环境里，可同时做传统电子电路的特性与数字信号处理技术的比较。

4.1.1　认识通信教学实验系统（TIMS）

TIMS 提供了一个开放的教学系统，在 TIMS 的环境里，可同时做传统电子电路的特性与数字信号处理技术的比较。运用 TIMS 干线（TIMS TRUNKS），能架构成一个网络化的 TIMS 实验室。TIMS 干线适用于：

1. 在实验室网络化里做示范。
2. 高复杂解调/译码的实验管理。
3. 实际测验。

4.1.2　通信教学实验系统（TIMS）

TIMS 系统由不同的插入式和固定式模块来组成。固定式模块是一般使用率最高而内建在系统里的单元；插入式模块是依据所要进行的实验来选择，并插入到系统机架里使用的单元。

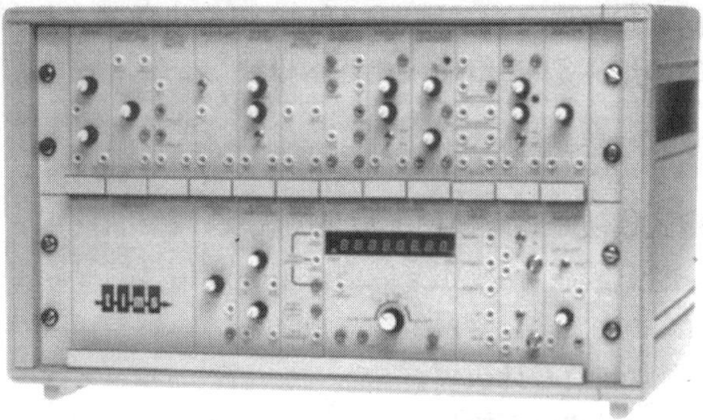

图 4－1　TIMS 系统外部结构图

TIMS 的模块共分成四块：

1. 固定式模块：一般使用率最高的模块，像主振荡器、放大器、LPF 和计频器等。

2. 基本插入式模块：13 种基本单元。

3. 高阶模块：有超过 36 种以上的特殊单元可供信号处理，编码与测量等使用。

4. DSP 模块：TEXAS INSTRUMENTS TMTMS320 基础模块。

每一模块前面板功能规划都是面板左边为输入，右边为输出。所有输入和输出都以颜色来表示信号状态：黄色代表模拟信号，红色代表数字信号，设备上所有的插座皆采用高品质的 4mm 插座，确保通信品质及使用寿命。

4.2 TIMS 现代通信教学实验系统组成

TIMS 现代通信教学实验系统核心由硬件组件和手册组成，共有两种硬件组件，第一种硬件组件是 TIMS－301F 的系统单元，有固定式模块（机架下层）和 12 组模块插槽（机架上层）。第二种硬件组件是 13 组插入式基本模块。

4.2.1 固定模块

固定式模块是一块使用率最高的模块，包括有：

1. 主振荡器：同步正交载波，取样和信息信号。
2. 缓冲放大器：含两组独立放大器。
3. 频率和信号计数器。
4. 可变直流电压输出。
5. 示波器显示选择开关。
6. TIMS 干线输出。
7. 电源供给。
8. 音频放大器。

4.2.2 基本模块

基本模块是基础组件，包括有：

1. TIMS－147 加法器（ADDER）。
2. TIMS－148 音频振荡器（AUDIO OSCILLATOR）。
3. TIMS－149 双模拟开关（DUAL ANALOG SWITCH）。
4. TIMS－150 乘法器（MULTIPLIER）。
5. TIMS－151 移相器（PHASE SHIFTER）。
6. TIMS－152 正交分相器（QUADRATURE PHASE SHIFTER）。

7. TIMS－153 序列产生器（SEQUENCE GENERATOR）。
8. TIMS－154 可调低通滤波器（TUNEABLE LPF）。
9. TIMS－155 双脉冲产生器（TWIN PULSE GENERATOR）。
10. TIMS－156 共享模块（UTILITIES MODULE）。
11. TIMS－157 电压控制振荡器（VCO）。
12. TIMS－158 60KHz 低通滤波器（60KHzLPF）。

4.3 通信教学实验系统模组介绍

TIMS－301F 的系统有固定式模块（机架下层）和 12 组模块插槽（机架上层）。如图 4－2 所示。

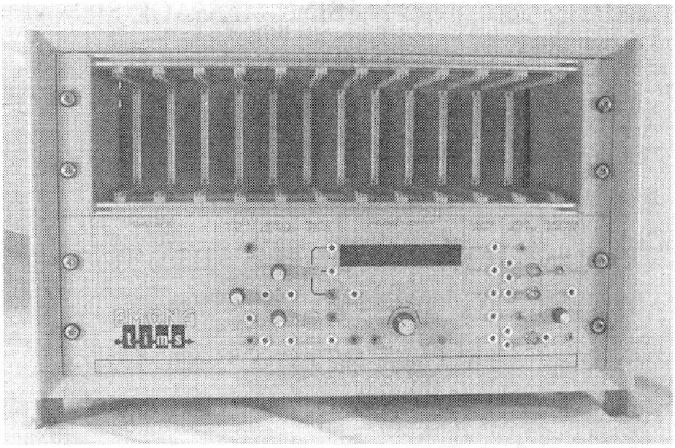

图 4－2 TIMS－301F 的系统结构图

4.3.1 基本固定模块介绍

TIMS－301F 固定式模块（机架下层）为：
1. 计频器/信号计数器（FREQUENCY COUNTER）。
(1) 其是多功能 8 位数计频器和信号计数器，具有模拟、数字和数字启动输入（DIGITAL ENABLE INPUT）的功能。

（2）测量范围最大可到10MHz。

（3）输入：

①模拟1Hz~大于500KHz。

②数字1Hz~10MHz。

③数字启动到10MHz。

④信号计数器，最大计数到99999999。

2. 主振荡器模块（MASTER SIGNALS）。

（1）100KHz载波振荡器（CARRIER OSCILLATOR）、正交正弦波输出和数字输出。

（2）8.3KHz取样时钟（SAMPLING CLOCK）。

（3）2KHz正弦信息信号（SINE MESSAGE SIGNAL）。

3. 音频放大器（HEADPHONE AMPLIFIER）。

（1）音频放大器，有耳机信号输出孔。

（2）3KHz五阶椭圆形低通滤波器（5TH ORDER ELLIPTIC LPF）。

4. 缓冲放大器（BUFFER AMPLIFIERS）。两组可变增益缓冲器（VARIABLE GAIN BUFFER）。

5. 可变DC（VARIABLE DC）。±5V DC输出。

6. 示波器显示选择器（SCOPE SELECTOR）。切换选择欲显示的信号于示波器上显示。

7. 备用干线输出（TRUNKS PANEL）。

（1）用于具有干线驱动器（TRUNKS DRIVER）的TIMS系统网络化（NETWORKING TIMS SYSTEM）。干线驱动器需另选购。

（2）输出：

①三组信号，可接收来自教师TIMS系统上的信号。

②一组信号，可接收来自相邻系统上的信号。

（3）输入：一组信号，可传至相邻的系统里。

8. 电源供应（POWER SUPPLY）。

（1）输入：110V、127V、220V、240V AC，50/60Hz。

（2）输出：±15V DC，2. 25A。

4. 3. 2 基本插入式模块的介绍

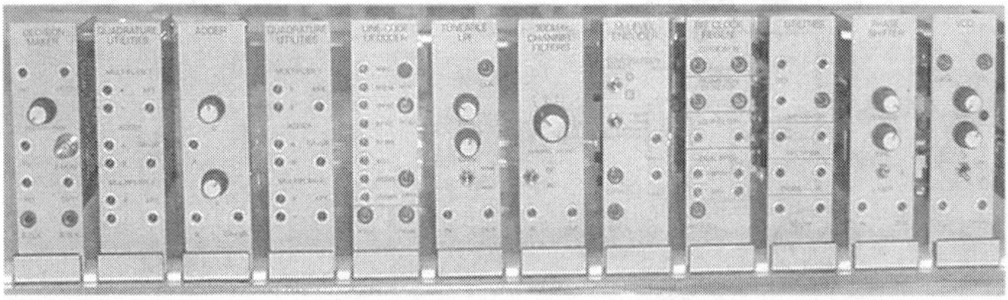

图 4－3 基本插入式模块结构图

基本插入式模块的功能：

1. TIMS－147：加法器（ADDER）。两组模拟输入信号 A（t）和 B（t）可以相加在一起且反向，G 和 g 部分为可调。

结果总和显示在输出端。如图 4－4 所示。

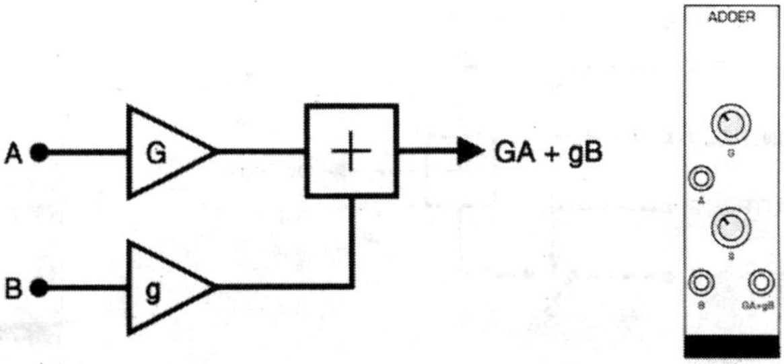

图 4－4 TIMS－147：加法器

2. TIMS－148：音频振荡器（AUDIO OSCILLATOR）。音频

振荡器是一低失真，具有 500Hz 到 10kHz 频率可调范围的正弦波源。

提供三组输出：两组正交正弦波和一组 TTL 准位信号。如图 4－5 所示。

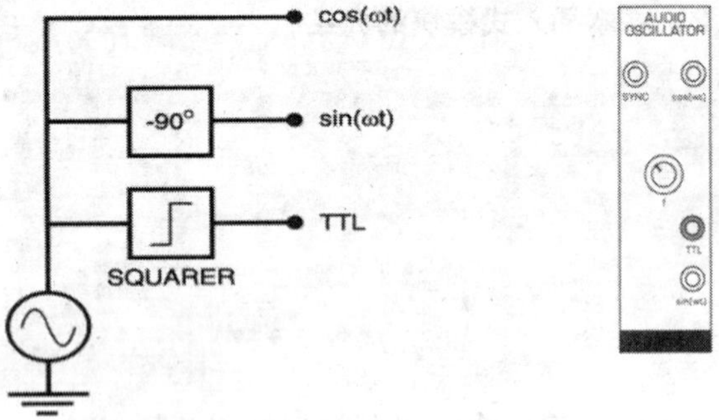

图 4－5　TIMS－148：音频振荡器

3. TIMS－149：双模拟开关（DUAL ANALOG SWITCH）。两组单极模拟开关，由具 TTL 准位信号做数字控制。两组开关的输出是在内部相加并显示在模块输出端。如图 4－6 所示。

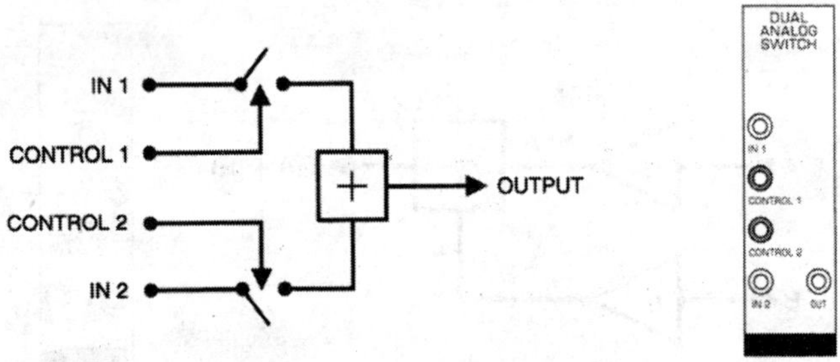

图 4－6　TIMS－149：双模拟开关

4. TIMS－150：乘法器（MULTIPLIER）。两组模拟输入信号 X（t）和 Y（t）可相乘在一起，其结果再乘以约 0.5 的系数为输出，因此具有标准准位输入，后级所得输出不会因此而过载。如图 4 -7 所示。

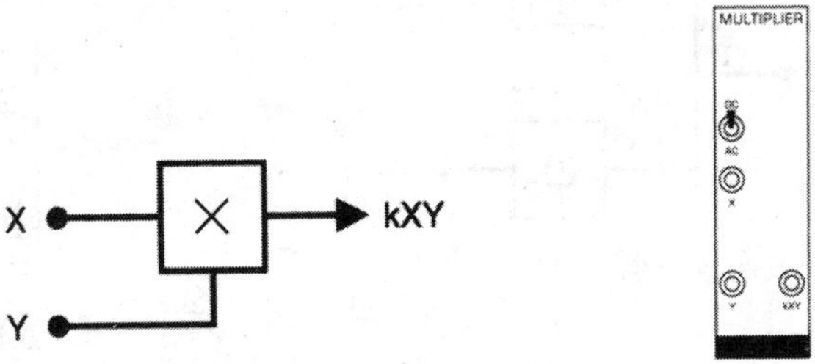

图 4 -7　TIMS -150：乘法器

5. TIMS -151：移相器（PHASE SHIFTER）。移相器介入于一组输入和输出之间做相位移，此相位移可由使用者调整。操作的频率范围可又由在 PCB 上的设定开关选取。如图 4 -8 所示。

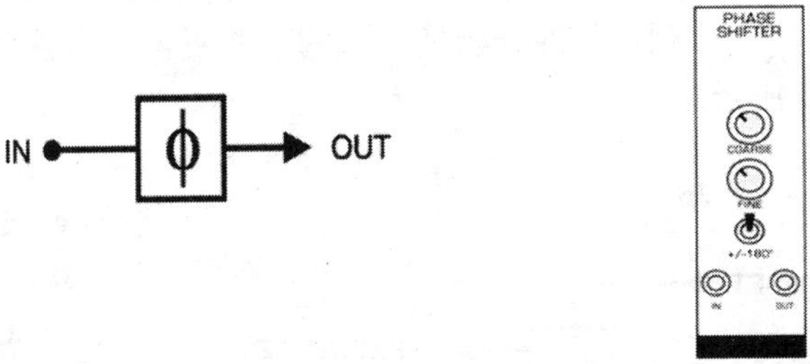

图 4 -8　TIMS -151：移相器

6. TIMS - 152：正交分相器（QUADRATURE PHASE SHIFTER）。模拟信号用到两组输入时，得到两相位差 90°的信号输出，频率范围为 200Hz 到 10KHz 之间。如图 4 -9 所示。

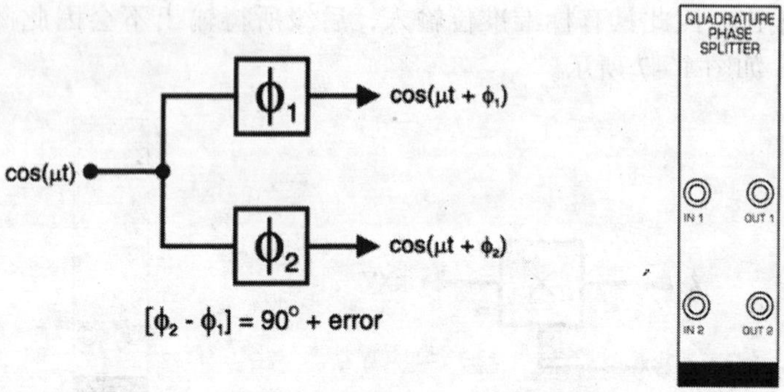

图 4-9　TIMS-152：正交分相器

7. TIMS-153：序列产生器（SEQUENCE GENERATOR）。使用一组共外接时钟信号，序列产生器输出两组独立的伪随机序列 X 和 Y，有模拟与 TTL 两种模式。由开关选择复长度序列（MULTIPLE LENGTH SEQUENCES）。同步信号输出（SYNC OUTPUT）与序列信号的开始是一致的，并可输入重置信号。如图 4-10 所示。

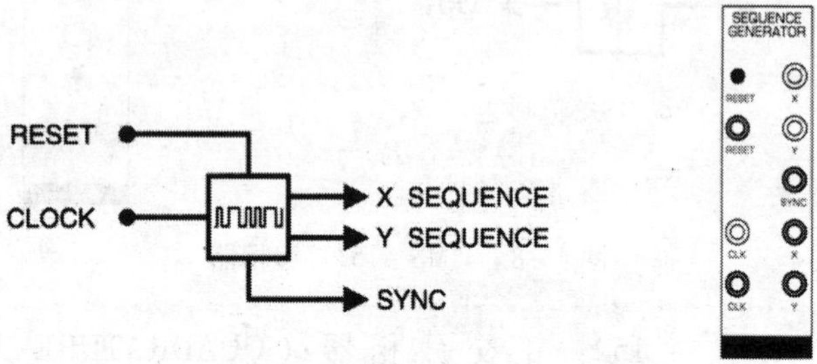

图 4-10　TIMS-153：序列产生器

8. TIMS-154：可调低通滤波器（TUNEABLE LPF）。低通滤波器的截止频率可由前面板调整。滤波器有两种频率范围：WIDE（2KHz to 10KHz）和 NORMAL（900Hz to 5KHz）。增益

（GAIN）也是由前面板的控制钮调整。如图 4－11 所示。

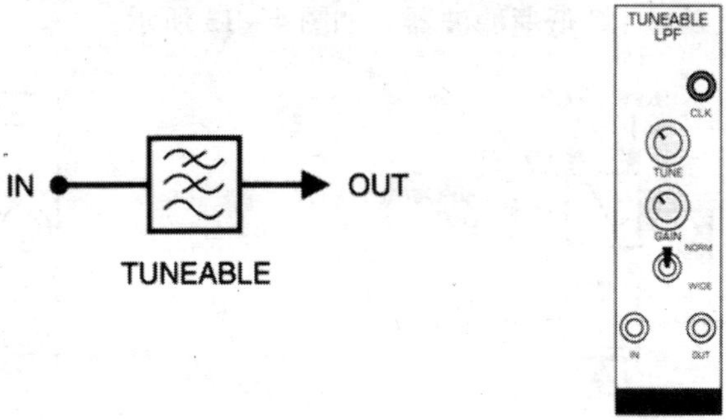

图 4－11 TIMS－154：可调低通滤波器

9. TIMS －155：双脉冲产生器（TWIN PULSE GENERATOR）。双脉波产生器有 TWIN 和 SINGLE 两种脉冲输出模式。TWIN 模式输出两组序列脉冲（SEQUENTIAL PULSES），脉冲宽度与脉波之间的延迟，都可由使用者自己调整；SINGLE 模式是同时输出互补脉冲，脉冲宽度也是可调的。如图 4－12 所示。

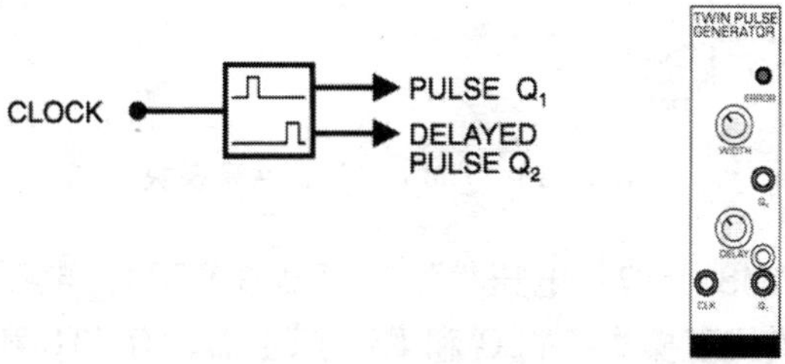

图 4－12 TIMS－155：双脉冲产生器

10. TIMS－156：共享模块（UTILITIES MODULE）。共享模块含有四种独立的区域功能。

（1）信号比较器和信号限幅器（CLIPPER）/限制器（LIMITER）；

（2）精密半波整流器；

(3) 建议二极管和 RC 低通滤波器 (LPF);

(4) 单极 RC 低通滤波器。如图 4-13 所示。

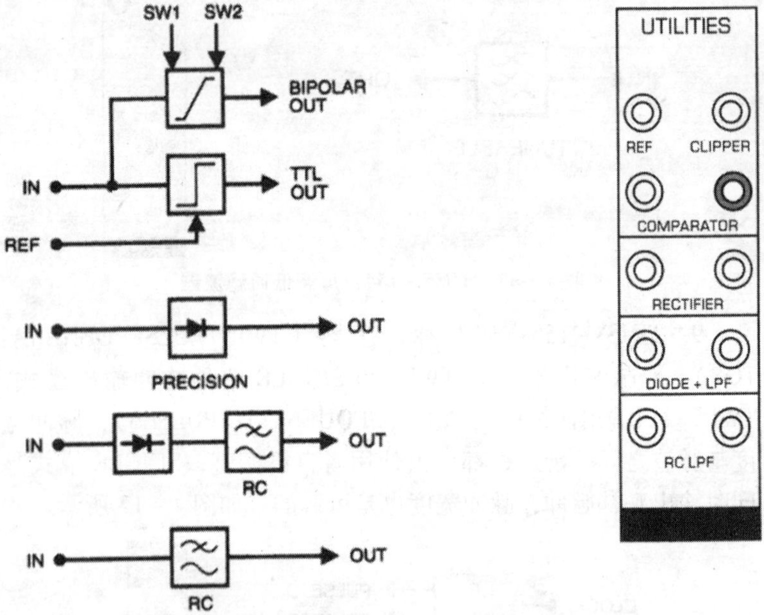

图 4-13　TIMS-156：共享模块

11. TIMS-157：电压控制振荡器 (VCO)。电压控制振荡器在两种模式下操作：VCO 和 FSK 产生器，有 TTL 和模拟输出信号，并有两种基带和载频范围。如图 4-14 所示。

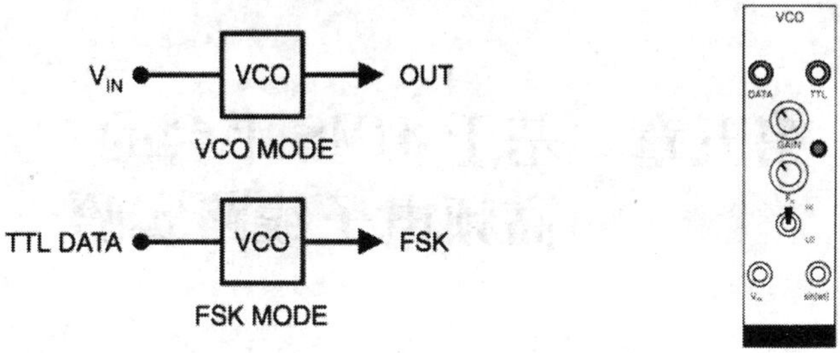

图 4 – 14　TIMS – 157：电压控制振荡器

12. TIMS – 158：60KHz 低通滤波器（60KHzLPF）。具有截止频率为 60KHz 的椭圆低通滤波器。大约介于基带和 TIMS 载波频率范围之间。如图 4 – 15 所示。

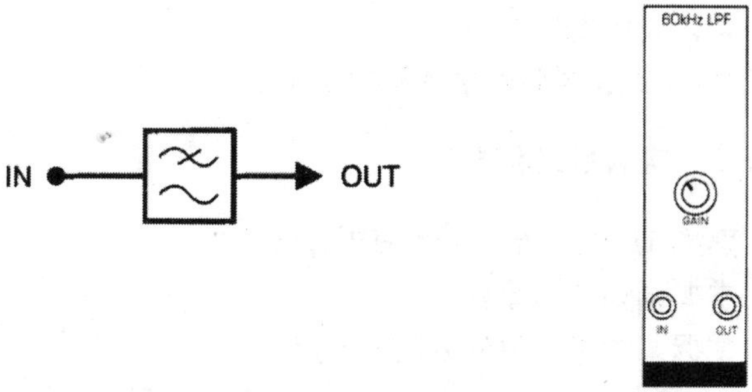

图 4 – 15　TIMS – 158：60KHz 低通滤波器

TIMS 除了具备以上 12 种基本插入式模块以外，TIMS 高阶模块还有超过 36 种以上的特殊模块，可用来扩展模拟、数字和数字信号处理（DSP）的实验范围。新的高阶模块仍持续发展中，所有最新通信发展的理论与未来趋势都会包括在其中，鉴于专业课学习的限制，我们不做过多的介绍。

第五章　基于 TIMS 平台的高频电子线路实验

5.1　实验一　AM 调幅波的产生

5.1.1　实验内容

1. 调幅波产生的方法。
2. TIMS 实验平台产生 AM 调幅波。

5.1.2　实验目的和要求

1. 熟悉 TIMS 系统的基本使用方法。
2. 掌握调幅波的原理。
3. 掌握调幅波产生的方法和特点。

5.1.3　预习要求

1. 熟悉有关调幅（AM）的基本原理。
2. 了解调幅波的波形特点。

5.1.4　实验设备

1. TIMS－301 主机。
2. 电脑。
3. TIMS 模块（147、148、150、154、156）。

5.1.5　仪器使用说明

1. 在 TIMS 系统中选取合适模块进行连接组合，形成普通调幅波的产生电路。

2. 实验时接线要认真，相互仔细检查，确定无误才能接通电源，初学或没有把握时应经指导教师审查同意后再接通电源。

5.1.6　实验原理

本实验中介绍的 AM 调幅波是具有直流分量的幅度调制信号。由于对抑制载波调制信号的解调必须采用相干解调，因此在接收端应具有载波提取电路，这对于广播调幅收音机的成本是不经济的。所以本实验选用了具有直流分量的幅度调制信号，这样就可在接收端用包络检波器进行解调，比较经济，该调幅方式在民用广播中获得了广泛的应用。

该幅度调制是在抑制载波的双边带信号（DSB - SC AM）上叠加一直流分量，其表达式为：

$$S_{AM}(t) = [A_0 + f(t)]\cos(2\pi f_C t + \theta_C)$$

该表达式中 $f(t)$ 为基带信号，它可以是确知信号，也可以是随机信号，但通常认为其均值为零。A_0 是外加的直流分量。f_C 为载波信号的频率。θ_C 为载波信号的起始相位。

由该表达式可知，幅度调制信号是调制信号叠加直流分量后与载波相乘。数学模型如图 5 - 1 所示。

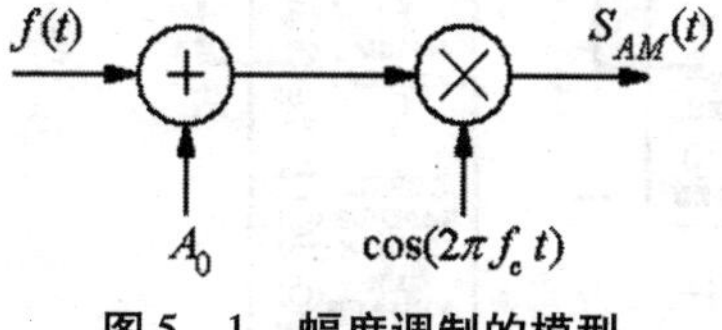

图 5 - 1　幅度调制的模型

5.1.7 实验方法与步骤

利用 TIMS 实验平台产生 AM 调幅波。

根据上述理论知识，可知幅度调制信号是由一基带信号、直流分量和载波所组成。由公式（1）、图 5－1 以及第四章中所介绍的 TIMS 模块的功能可以确定利用 TIMS 实验实现此幅度调制的平台模块。

为了实验结果的简洁明了，选用的 f（t）为单音正弦波，此正弦波由模块 AUDIO OSCILLATOR 产生。直流分量 A_0 由模块 VARIABLE DC 产生。载波 $\cos(2\pi f_C t + \theta_C)$ 由主振荡器 MASTER SIGNALS 产生。此外由图 5－1 可知，还需要加法器和乘法器，其分别由 ADDER 和 MULTIPLIER 模块实现。在本实验中，采用的基带信号为 5KHz，载波为 100KHz。

模块间的连线框图，如图 5－2 所示。

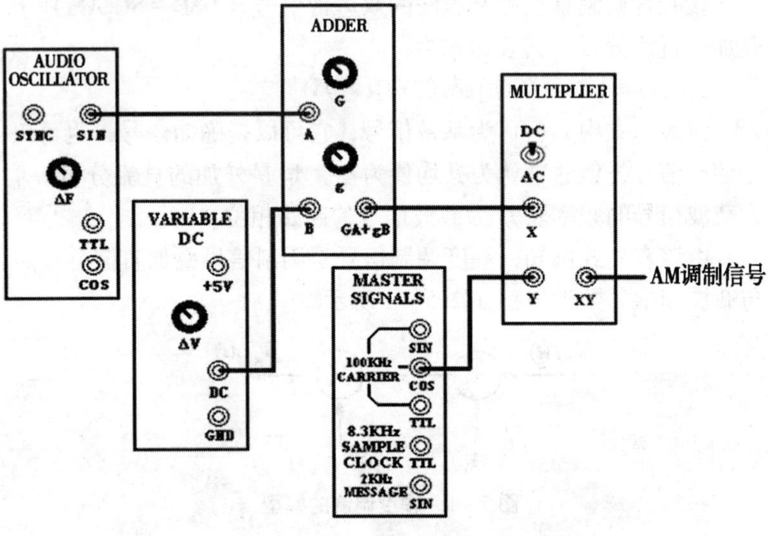

图 5－2 产生幅度调制信号的实验连线图

最终生成的幅度调制信号，如图 5－3 所示。

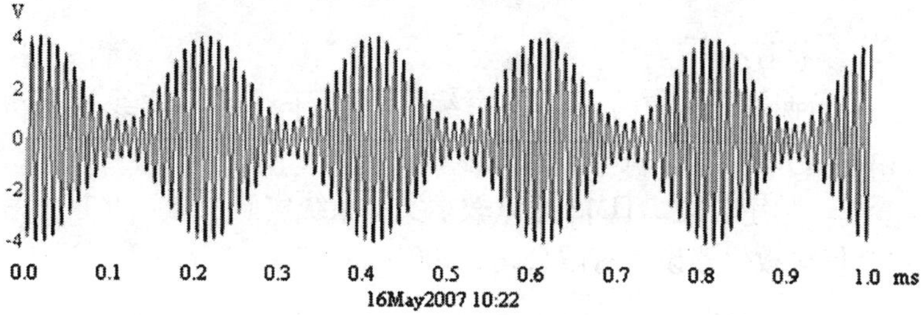

图 5－3　幅度调制信号

将原始基带信号与调幅信号的包络进行比较，如图 5－4 所示。

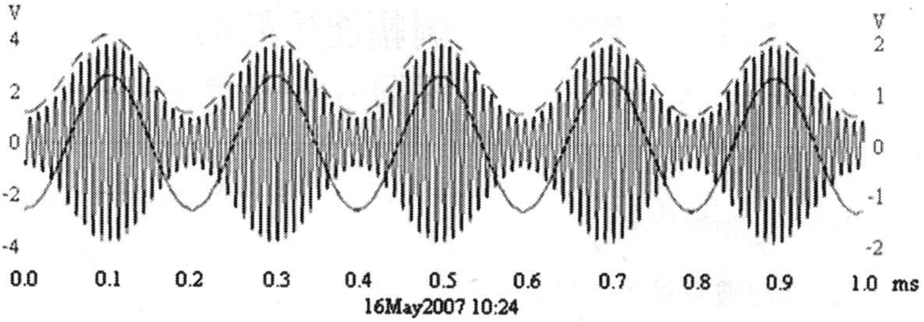

图 5－4　原始基带信号与调幅信号的比较

5.1.8　实验报告要求

1. 结合自己设计，写明所需实验仪器、实验原理、实验内容，画出连线图以及步骤。

2. 分析实验结果。分析时域信号波形和频域信号频谱；弄清频谱搬移的现象与原因。

3. 与振幅调制器（利用乘法器）实验结果对比，分析原因。

5.1.9 参考资料

参考书：

1. 谢嘉奎，宣月清，冯军编. 《电子线路》非线性部分(第四版). 北京：高等教育出版社，2000

2. 掌宇公司. TIMS通讯教学实验系统实验手册. 北京：掌宇金仪科教仪器设备有限公司，2001

5.1.10 思考题

1. 调幅波的时域波形与频域波形各有什么特点？
2. 在调幅波形成中加法器的作用是什么？

5.2 实验二 调幅波信号的解调（设计性）

5.2.1 实验内容

1. 调幅波解调的方法。
2. 同步检波及包络检波。

5.2.2 实验目的和要求

1. 熟悉TIMS系统的基本使用方法。
2. 掌握调幅波的解调方法。
3. 掌握同步检波与包络检波各自的特点。

5.2.3 预习要求

1. 熟悉有关调幅和解调原理。
2. 分析二极管包络检波产生波形失真的主要因素。

5.2.4 实验设备

1. TIMS－301 主机。
2. 电脑。
3. TIMS 模块（147、148、150、154、156）。

5.2.5 仪器使用说明

1. 在 TIMS 系统中选取合适模块进行连接组合，形成普通调幅波的产生电路，包络检波电路以及同步检波电路。

2. 实验时接线要认真，相互仔细检查，确定无误才能接通电源，初学或没有把握时应经指导教师审查同意后再接通电源。

5.2.6 实验原理

调幅信号的解调是振幅调制的相反过程，是从已调高频信号中恢复调制信号。通常将这种解调称为检波。完成这种解调的电路称为振幅检波器。检波电路有包络检波和同步检波。

1. 大信号包络检波器。图 5－5 是二极管峰值包络检波器电路。它由输入回路、二极管 VD 和 RC 低通滤波器组成。

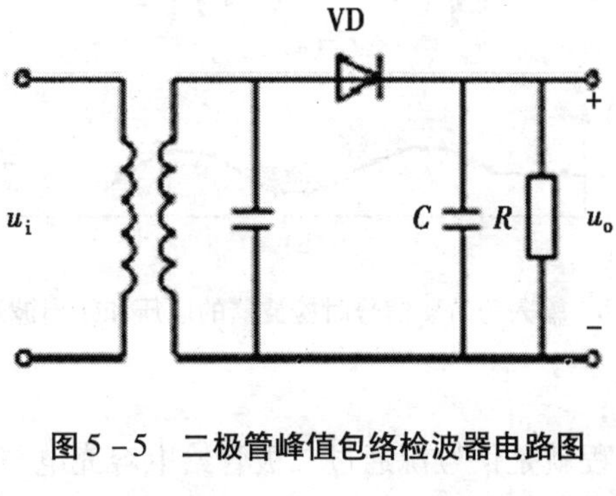

图 5－5 二极管峰值包络检波器电路图

（1）工作原理。二极管峰值包络检波器的工作原理如图5－6所示。

若高频输入信号的振幅大于0.5V，加正向电压时二极管导通，对电容C充电，如图5－6（a）所示；加反向电压时二极管截止，电容C对电阻R放电，如图5－6（b）所示，从而实现检波。

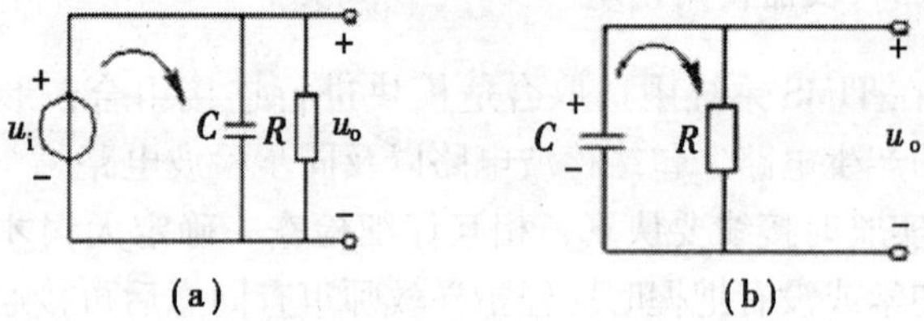

图5－6　二极管峰值包络检波器工作原理

输入为AM信号时检波器电容上的电压和输出波形如图5－7所示。

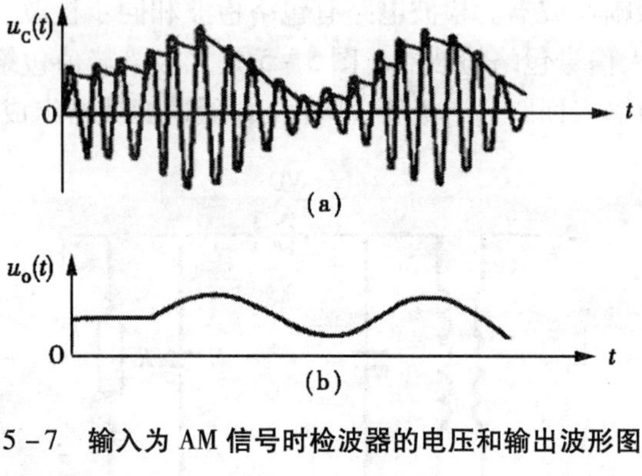

图5－7　输入为AM信号时检波器的电压和输出波形图

可以得出：

①检波过程就是信号源通过二极管给电容充电与电容对电阻

R 放电的过程。

②由于 RC 时常数远大于输入电压载波周期，放电慢，使得二极管负极处于较高的正电位，即充电快，放电慢，因而使输出电压接近于高频正弦波的峰值。

③二极管电流 I_d 包含直流分量 I_{av} 及高频分量，为脉动直流。

（2）二极管包络检波器。适合于解调含有较大载波分量的大信号检波过程，它具有电路简单，易于实现的特点，电路如图 5-8 所示，主要由二极管 D 及 RC 低通滤波器图组成。

利用二极管的单向导电性和检波负载 RC 的充放电过程实现检波。所以 RC 时间常数选择很重要，RC 时间常数太大，会产生对角切割失真；RC 时间常数太小，高频分量会滤不干净。

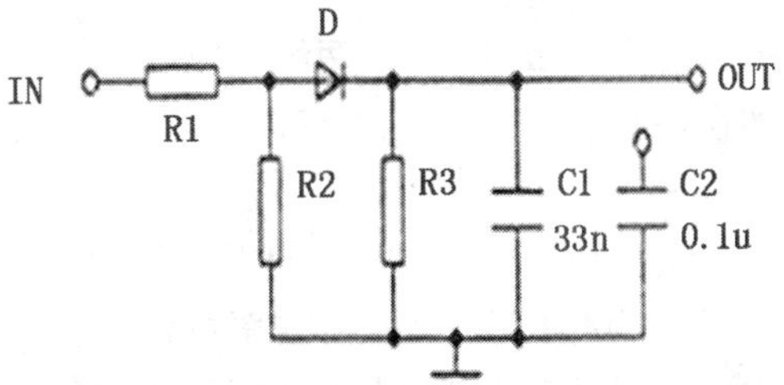

图 5-8　二极管包络检波器

2. 同步检波器。同步检波器是利用一个和已调幅信号的载波同频同相的载波信号与已调幅波相乘，再通过低通滤波器滤除高频分量而获得调制信号。

5.2.7　实验方法与步骤

提供以下设备和模块，由学生自行设计实验方法和步骤：

1. 在 TIMS 系统中选取合适模块进行连接组合，形成普通调幅波的产生电路，包络检波电路以及同步检波电路。

（1）可变直流电压（Variable DC）。可调范围 ±2V DC

输出。

（2）主振荡器（MASTER SIGNALS）。

①100KHz 载波振荡器（CARRIER OSCILLATOR）正交正弦波输出和数字输出。

②8.3KHz 取样时脉（SAMPLING CLOCK）。

③2KHz 正弦信息信号（SINE MESSAGE SIGNAL）。

（3）音频放大器（HEADPHONE AMPLIFIER）。

①音频放大器，具耳机信号输出孔。

②3KHz 五阶椭圆形低通滤波器（5TH ORDER ELLIPTIC LPF）。

（4）示波器选择器（SCOPE SELECTOR）。切换选择欲显示的信号，于示波器上显示。

（5）147 加法器（ADDER）。两组模拟输入信号 A（t）和 B（t）可以相加在一起且反向，G 和 g 部分为可调。结果总和显示在输出端。

（6）148 音频振荡器（AUDIO OSCILLATOR）。音频振荡器是一低失真，具有 500Hz 到 10KHz 频率可调范围的正弦波源。提供三组输出：两组正交正弦波和一组 TTL 准位信号。

（7）150 乘法器（MULTIPLIER）。两组模拟输入信号 X（t）和 Y（t）可相乘在一起。（注意选档）

（8）154 可调低通滤波器（TUNEABLE LPF）。低通滤波器的截止频率可由前面板旋钮改变。滤波器有两种频率范围：WIDE（2KHz to 10KHz）和 NORMAL（900Hz to 5KHz）。增益（GAIN）也可由前面板的旋钮调整。

（9）156 共享模块（UTILITIES MODULE）。共享模块含有四种独立的区域功能。

①信号比较器和信号限幅器（CLIPPER）/限制器（LIMITER）；

②精密半波整流器；

③简易二极管和 RC 低通滤波器（LPF）；

④单极 RC 低通滤波器。

2. 改变相关参数如加法器的增益（G，g），观察相应的波形及频谱，分析其原因，并做记录，如调制系数等。

5.2.8　实验报告要求

1. 结合自己的设计，写明所需实验仪器、实验原理、实验内容，画出连线图以及步骤。

2. 分析实验结果。分析时域信号波形和频域信号频谱；弄清频谱搬移的现象与原因。

3. 与振幅调制器（利用乘法器）实验结果对比，分析原因。

5.2.9　参考资料

参考书：

1. 谢嘉奎，宣月清，冯军编. 《电子线路》非线性部分(第四版). 北京：高等教育出版社，2000

2. 掌宇公司. TIMS 通讯教学实验系统实验手册. 北京：掌宇金仪科教仪器设备有限公司，2001

5.2.10　思考题

1. 为什么抑制载波双边带调幅要用相乘检波器?

2. 调幅信号的解调有哪几种？各自适用什么调幅信号?

3. 调幅与检波的基本原理是什么?

4. 试画出普通调幅波时的波形图，简要说明波形的特点。若将此调幅波分别用相乘器检波和二极管包络检波器检波，得到的解调波形有何不同？分别用图形表示，并作简要说明。

5.3 实验三 调频波的产生

5.3.1 实验内容

1. 利用压控振荡器（VCO）产生调频波。
2. 调频波的产生方法。

5.3.2 实验目的和要求

1. 熟悉 TIMS 系统的基本使用方法。
2. 掌握调频波的原理。
3. 掌握调频波的特点。

5.3.3 预习要求

1. 熟悉有关调频信号的原理。
2. 分析利用压控振荡器（VCO）产生调频波的原理。

5.3.4 实验设备

1. TIMS－301 主机。
2. 电脑。
3. TIMS 模块（148、154、157）。

5.3.5 仪器使用说明

1. 在 TIMS 系统中选取合适模块进行连接组合，形成调频波的产生电路。

2. 实验时接线要认真，相互仔细检查，确定无误才能接通电源，初学或没有把握时应经指导教师审查同意后再接通电源。

5.3.6　实验原理

1. 调频波产生的基本原理。角度调制是一种非线性调制。调频信号的频谱和原始调制信号的频率之间不存在线性的对应关系，而是产生出许多新的频率分量。

产生调频信号有两种方法，直接调频法和间接调频法。本实验中所用的方法为直接调频法。通过一振荡器，使它的振荡频率随输入电压变化。当输入电压为零时，振荡器产生一频率的正弦波；当输入信号的电压变化时，该振荡频率也作相应的变化。此振荡器可通过 VCO（压控振荡器）来实现。利用压控振荡器作为调频器产生调频信号的模型框图如图 5－9 所示。

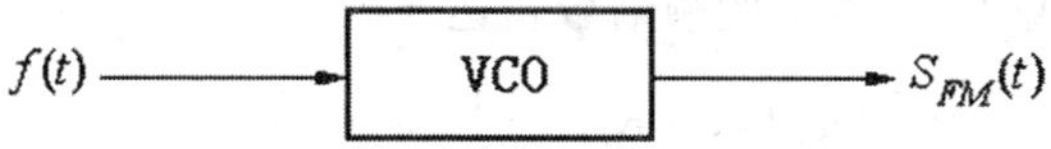

图 5－9　利用压控振荡器作为调频器

2. 利用 TIMS 实验平台产生调频波。上述对调频信号理论以及产生调频信号的基本方法进行了分析，根据前面介绍的 TIMS 模块的功能可确定本节中利用 TIMS 仿真系统产生调频信号所用到的模块。

在连续波的调制中，调制载波的表达式为

$$C(t)=A\cos(\omega_C t+\varphi) \quad (1)$$

如果幅度不变，起始相位为零时，而瞬时角频率为调制信号的线性函数，则这种调制方式为频率调制。此时瞬时角频率偏移为

$$\Delta\omega=K_{FM}f(t) \quad (2)$$

瞬时角频率为

$$\omega=\omega_C+K_{FM}f(t) \quad (3)$$

其中$f(t)$为调制信号，K_{FM}为频偏常数。

由于瞬时角频率与瞬时相位之间互为微分或积分关系，即

$$\omega = \frac{d\varphi(t)}{dt} = \omega_C + K_{FM}f(t) \quad \cdots\cdots (4)$$

$$\varphi(t) = \int \omega dt = \omega_C t + K_{FM}\int f(t)\,dt \quad \cdots\cdots (5)$$

故调频信号可表达为

$$S_{FM}(t) = A\cos[\omega_C t + K_{FM}\int f(t)\,dt] \quad \cdots\cdots (6)$$

在本章的调频仿真中，讨论调制信号为单频余弦波的情况。调制信号为

$$f(t) = A_m \cos\omega_m t \quad \cdots\cdots (7)$$

由公式（6）可得调频信号表达式为

$$S_{FM}(t) = A\cos[\omega_C(t) + K_{FM}A_m\int \cos\omega_C t dt]$$

$$= A\cos[\omega_C t + K_{FM}A_m \sin\omega_m t] \quad \cdots\cdots (8)$$

如果将单音调频信号用瞬时角频率来表示，公式（6）改写为

$$S_{FM}(t) = A\cos(\omega_C + K_{FM}A_m\cos\omega_m t)t \quad \cdots\cdots (9)$$

根据公式（9）可得调频信号的波形，如图5－10所示。

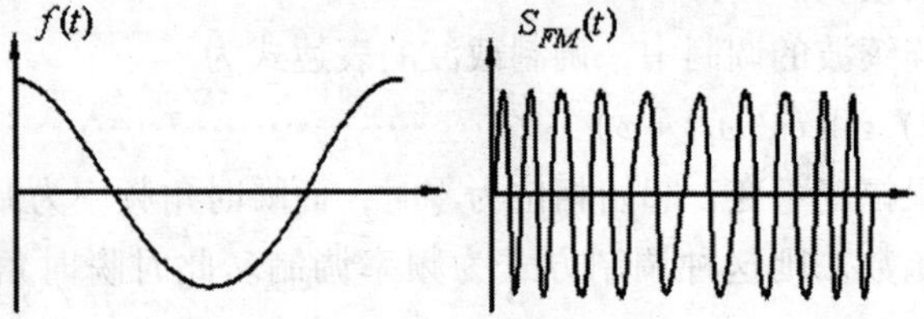

图5－10　调频信号波形

AUDIO OSCILLATOR 模块产生500Hz的正弦波，如图5－11所示。

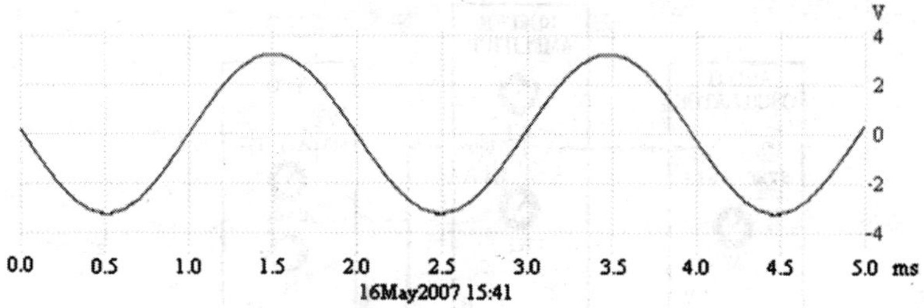

图 5－11　音频振荡器产生的基带信号

5.3.7　实验方法与步骤

第一步：按照图 5－12 所示将三个模块连接好。并将 VCO（压控振荡器）模块上的开关置于 LO 端。

第二步：调节 AUDIO OSCILLATOR 模块和 VCO 模块上的 ΔF 和 F0 旋钮，使其产生所需的基带信号和中心频率。然后调节 BUFFER AMPLIFIER 模块上的 K1 旋钮。VCO 模块的 SIN 端口输出的信号即为调频信号。

为了便于对实验结果的观察和分析，仿真中采用的基带调制信号为单音正弦波，由 AUDIO OSCILLATOR 模块产生，频率为 500Hz。调制器是由压控振荡器 VCO 模块来实现，中心频率为 15KHz。为了使产生的调频信号的频率变化明显，特在压控振荡器前加入了一级放大器（BUFFER AMPLIFIER 缓冲放大器模块），对基带调制信号进行放大。模块间的连线框图，如图 5－12 所示。

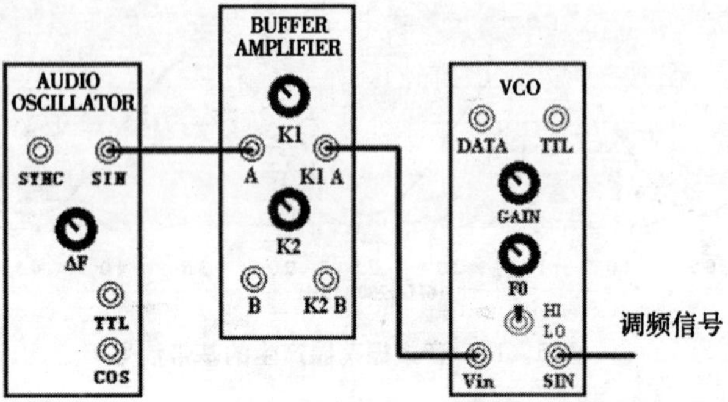

图 5－12　产生调频信号的实验连线图

最终由压控振荡器输出的调频信号，如图 5－13 所示。

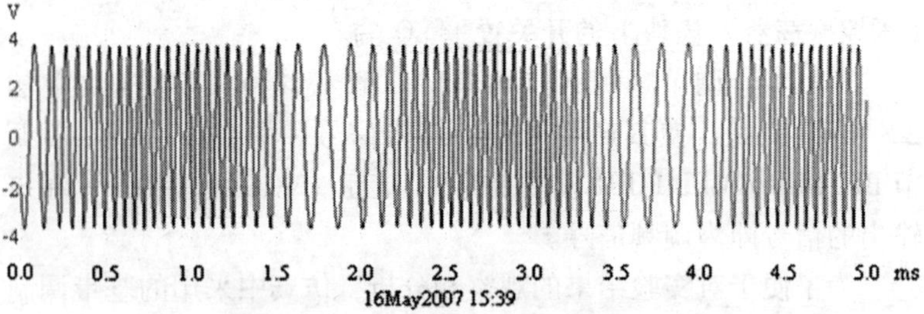

图 5－13　压控振荡器输出的调频信号

将原始基带信号与调频信号进行比较，如图 5－14 所示。

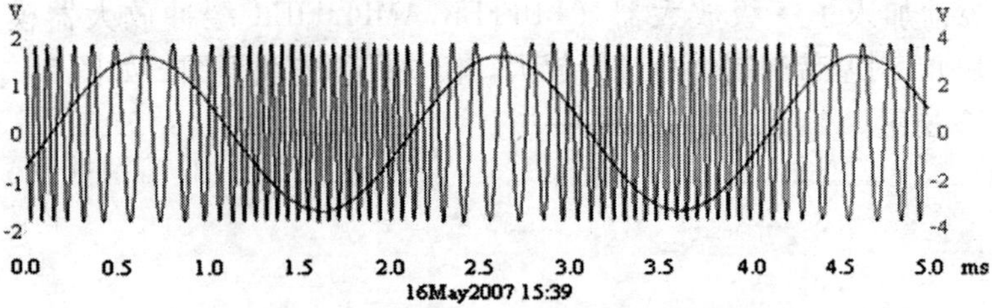

图 5－14　原始基带信号与调频信号的比较

实验中的注意事项：

第一，输入 VCO 模块的基带信号的峰—峰值不要太小，要通过调节 BUFFER AMPLIFIER 模块的 K1 旋钮使之适当放大。否则产生调频信号的频率变化不是特别的明显，影响对实验结果的观察。

第二，当 VCO 模块上的 GAIN 旋钮调节得太大时会使输出的波形失真。

5.3.8　实验报告要求

1. 结合实验要求，写明所需实验仪器、实验原理、实验内容，画出连线图以及步骤。
2. 分析实验结果。分析调频波时域信号的频率变化。
3. 通过调节不同的旋钮观察输出波形的变化。

5.3.9　参考资料

参考书：

1. 谢嘉奎，宣月清，冯军编．《电子线路》非线性部分（第四版）．北京：高等教育出版社，2000

2. 掌宇公司．TIMS 通讯教学实验系统实验手册．北京：掌宇金仪科教仪器设备有限公司，2001

5.3.10　思考题

1. 实验中 VCO 的作用是什么？
2. 调频信号频率与原始基带信号的幅度有什么关系？

第六章 基于 TIMS 平台的通信原理实验

6.1 实验一 调频波的解调

6.1.1 实验内容

1. 调频波的调制。
2. 调频波的解调。

6.1.2 实验目的和要求

1. 熟悉 TIMS 系统的基本使用方法。
2. 掌握调制原理和调频波的调制方法。
3. 掌握解调原理和调频波的解调方法。

6.1.3 预习要求

1. 熟悉有关调频的调制和解调原理。
2. 熟悉鉴频器解调的方法并了解锁相环解调。

6.1.4 实验设备

1. TIMS－301 主机。
2. 电脑。
3. TIMS 模块（148、150、154、156、157）。

6.1.5　仪器使用说明

1. 在 TIMS 系统中选取合适模块进行连接组合，形成普通调频收音机的设计电路。

2. 实验时接线要认真，相互仔细检查，确定无误才能接通电源，初学或没有把握时应经指导教师审查同意后再接通电源。

6.1.6　实验原理

调频信号的解调。调频解调器有三种：普通鉴频器、调频负反馈解调器和利用锁相环的调频解调器。

普通鉴频器的原理如图 6－1 所示。

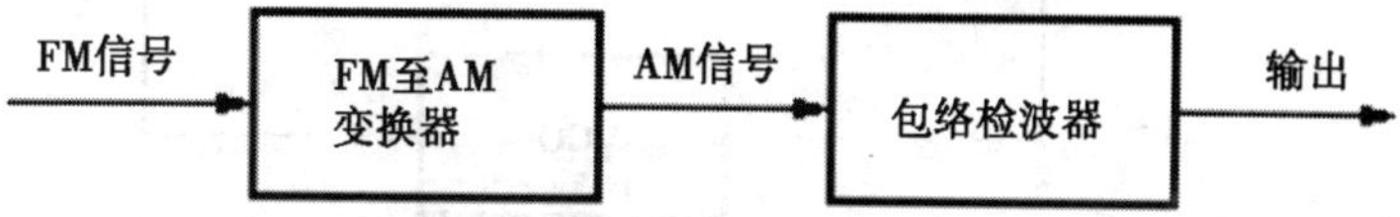

图 6－1　普通鉴频器原理框图

普通鉴频器是先将调频信号变换为调幅调频信号，使该调幅调频信号幅度与调频信号的瞬时频率成比例，然后再利用调幅解调器提取其包络，恢复出原基带信号。

调频负反馈解调器原理如图 6－2 所示。

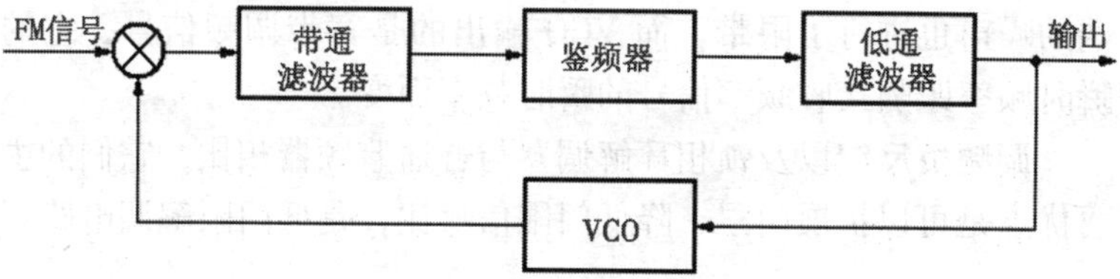

图 6－2　调频负反馈解调框图

调频负反馈解调器在调频解调器中引入负反馈，使得加于鉴频器输入端的调频信号的调制指数很小，因此鉴频器前的带通滤波器的带宽是窄的，它对抑制鉴频前的加性噪声有益处。带通滤波器输出的调频信号，其调制指数远远小于接收输入调频信号的调制指数，因此带通滤波器输出的调频信号是窄带调频信号，所以调频负反馈接收机的带通滤波器及鉴频器的带宽均是窄带，低通滤波器限制于基带信号的带宽，输出即是所需的原基带信号。调频负反馈解调器可降低门限信噪比大约 3dB。

利用锁相环作调频解调器原理如图 6－3 所示。

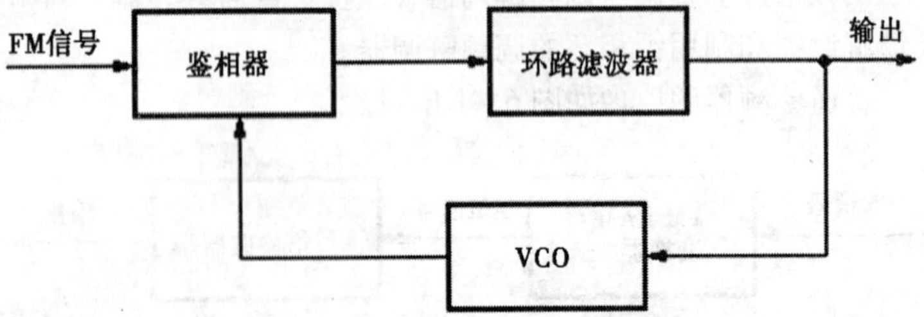

图 6－3　利用锁相环作调频解调器

该方案是一种低门限的解调电路，与调频负反馈不同之处在于该锁相环在锁定时，VCO 输出的调频信号与接收输入的调频信号是同频且几乎是同相的，两者的相位差甚小。环路滤波器频率相应的带宽与基带信号的带宽相同，因而对在环路滤波器输出端的噪声也进行了限带，而 VCO 输出的是宽带调频信号，它的瞬时频率跟随接收频率信号的瞬时频率而变。

调频负反馈以及锁相环解调器与普通鉴频器相比，它们的主要优点是可以扩展门限、降低门限信噪比，是低门限解调电路。

6.1.7　实验方法与步骤

1. 调制。TIMS 系统中音频振荡器（AUDIO OSCILLATOR）、

电压控制振荡器（VCO）和缓冲放大器模组（BUFFER AMPLIFIERS）按图 6－4 连接。

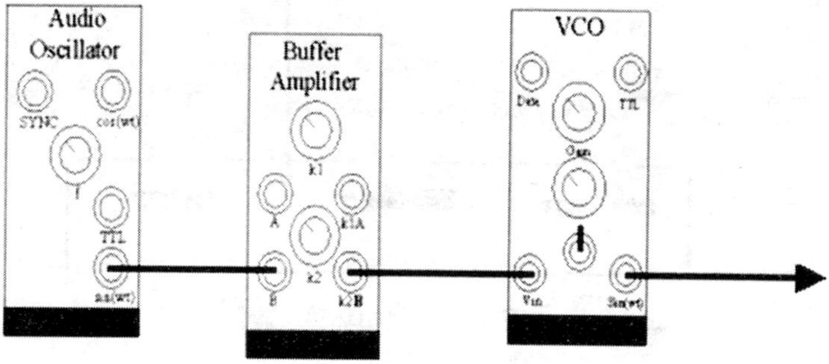

图 6－4　模组连接图

（1）按照图 6－4 所示将三个模块连接好。并将 VCO（压控振荡器）模块上的开关置于 LO 端，这时 VCO 的频率范围为 800Hz－17KHz。

（2）调节 AUDIO OSCILLATOR 模块和 VCO 模块上的和 F0 旋钮，使其产生合适的基带信号和中心频率。然后调节 BUFFER AMPLIFIER 模块上的 K1 旋钮。VCO 模块的 SIN 端口输出的信号即为调频信号。

（3）将原始基带信号与调频信号同时在电脑上显示。

2. 解调。将 TIMS 系统中乘法器（MULTIPLIER）、共享模组（UTILITIES）和电压控制振荡器（VCO）模组按图 6－5 将三个模组的连接组成一个锁相环路（PLL）。

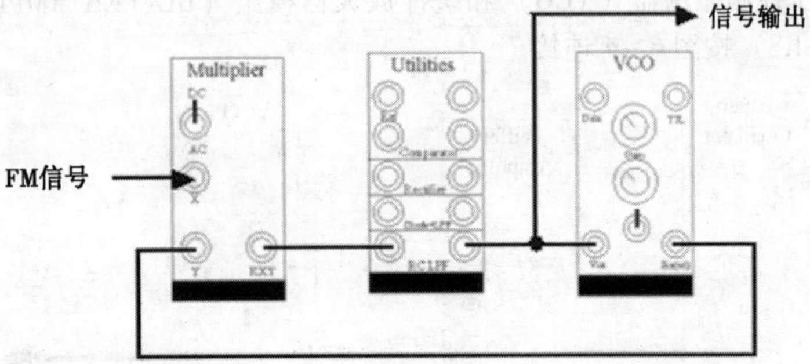

图 6 – 5 锁相环路

(1) 按照图 6 – 5 将 TIMS 仿真系统的各模块连接好。调频信号输入至 MULTIPLIER 模块的 X 端口。将 MULTIPLIER 的开关置于 DC 端，VCO 的开关至于 LO。

(2) 调节 VCO 模块的 F0 旋钮，使其产生的中心频率与调频信号的中心频率一致。适当调节 VCO 模块的 GAIN 旋钮使解调波形的幅度适中。UTILITIES 共享模组的 RCLPF 端口的输出即为解调信号。

(3) 将原始基带信号与解调信号同时在电脑上显示，并比较。

6.1.8 实验报告要求

1. 结合实验要求，写明所需实验仪器、实验原理、实验内容，画出连线图以及步骤。

2. 分析实验结果。分析调频收音机输入输出信号的变化。

3. 通过调节不同的旋钮观察输出波形的变化。

6.1.9 参考资料

1. 南利平，李学华，张晨燕，王亚飞编著．通信原理简明

教程（第 2 版）. 北京：清华大学出版社，2007

2. 掌宇公司. TIMS 通讯教学实验系统实验手册. 北京：掌宇金仪科教仪器设备有限公司，2001

6.1.10　思考题

1. 观测并分析调频波的频谱特点。
2. 调频波的时域波形与调幅波的时域波形有什么异同?
3. 本实验采用的调制是直接调频还是间接调频，解调采用的是何种解调方法?

6.2　实验二　脉冲编码调制（PCM）

6.2.1　实验内容

1. 脉冲编码调制（PCM）编码。
2. 脉冲编码调制（PCM）译码。

6.2.2　实验目的和要求

1. 熟悉 TIMS 系统的基本使用方法。
2. 掌握脉冲编码调制（PCM）编码原理。
3. 掌握脉冲编码调制（PCM）译码原理。

6.2.3　预习要求

1. 熟悉有关脉冲编码调制（PCM）原理。
2. 熟悉脉冲编码调制（PCM）编码与译码方法。

6.2.4　实验设备

1. TIMS－301 主机。

2．电脑。

3．TIMS 模块（147、148、150、154、412、413）。

6.2.5　仪器使用说明

1．在 TIMS 系统中选取合适模块进行连接组合，形成脉冲编码调制（PCM）编码和译码电路。

2．实验时接线要认真，相互仔细检查，确定无误才能接通电源，初学或没有把握时应经指导教师审查同意后再接通电源。

6.2.6　实验原理

1．脉冲编码调制的基本原理。脉冲编码调制 PCM 过程由抽样、量化和编码三个部分组成。抽样是把连续时间模拟信号转换成离散时间连续幅度的抽样信号；量化是把离散时间连续幅度的抽样信号转换成离散时间离散幅度的数字信号；编码是将量化后的信号编码形成一个二进制码组输出。脉冲编码调制的原理框图如图 6－6 所示。

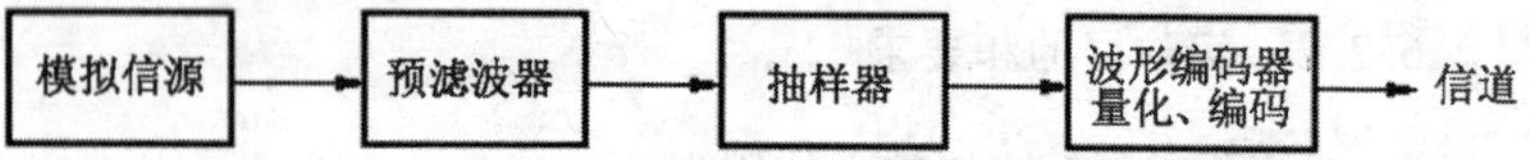

图 6－6　脉冲编码调制原理图

2．利用 TIMS 实验平台实现脉冲编码调制。上述对脉冲编码调制的基本原理进行了分析，主要有三个过程：抽样、量化和编码。在 TIMS 实验平台中，提供了专门的 PCM ENCODER 模块来实现此功能，从而使整个仿真过程变得便于实现，PCM ENCODER 模块的原理框图如图 6－7 所示。

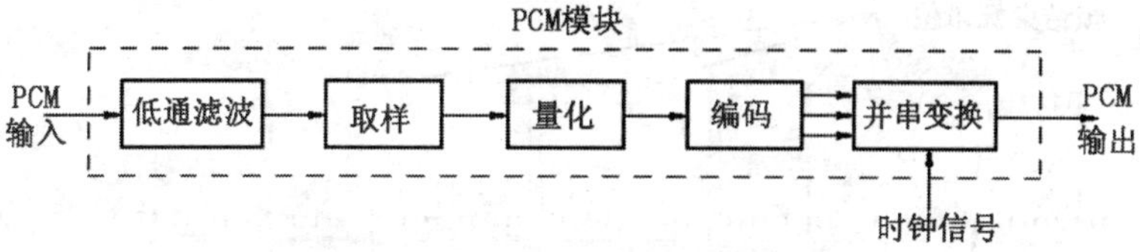

图 6－7　PCM ENCODER 模块原理图

信号源是由 AUDIO OSCILLATOR 模块产生的 250Hz 的正弦波。抽样时钟由 MASTER SIGNALS 模块产生。此外，PCM ENCODER 模块实现脉冲编码的调制功能。在接入时钟信号后，本模块对原始信号的抽样频率为 8. 3KHz，最终调制出 4bit 的线性编码信号。

模块间的连线框图如图 6－8 所示。

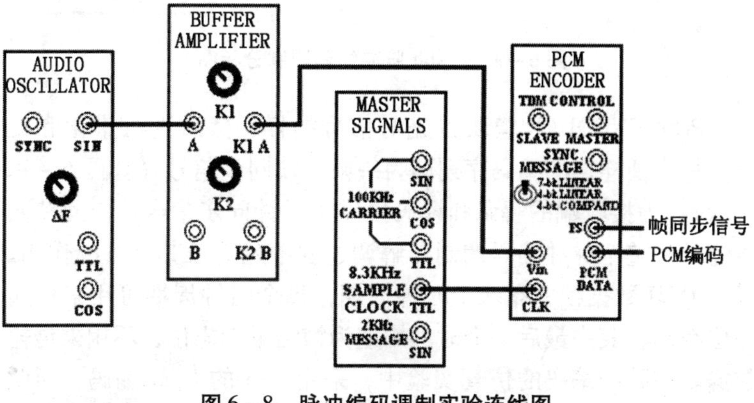

图 6－8　脉冲编码调制实验连线图

将帧同步信号、PCM 数据编码信号和时钟周期信号进行对比分析，如图 6－9 所示。

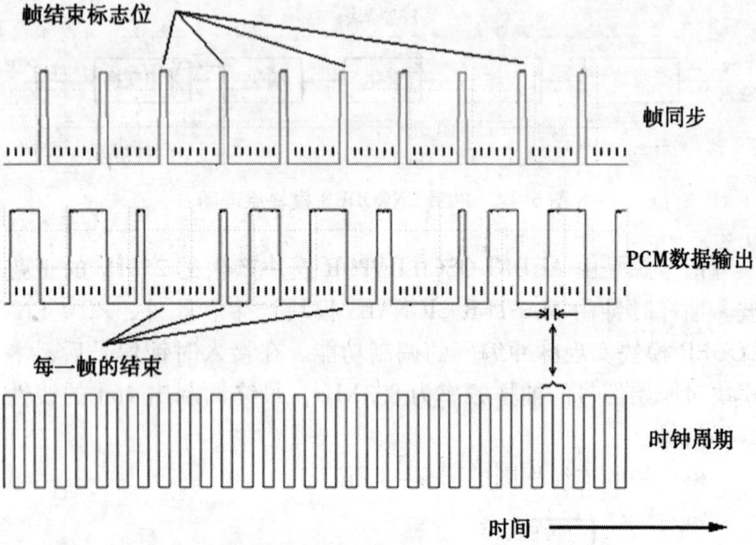

图 6-9　4-bit 脉冲编码调制分析图

PCM ENCODER 模块首先对信号抽样，然后进行量化和编码。每个抽样点的编码序列即为一帧。帧同步信号（如图 6-10 所示），为接收端的解调和译码提供了时钟同步信号，因此帧同步信号在整个脉冲编码调制与解调过程中起着极其重要的作用。每个 PCM 数据帧中有八个时钟周期，每个时钟周期可用来传输一位编码，其中最后一个时钟周期为帧结束标志位，不用来传输数据。在脉冲编码的仿真实验中，采用 4bit 的 PCM 编码，因此前三个时钟周期也不用来传输数据，用三个零填补。PCM 脉冲编码帧结构如图 6-10 所示。

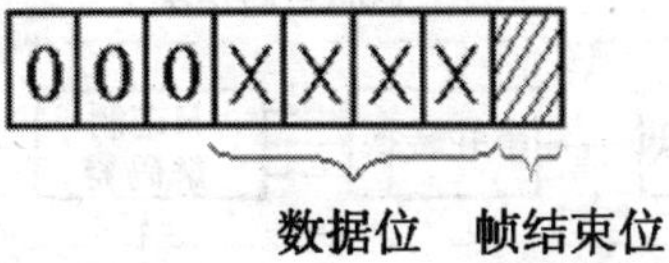

图 6－10　PCM 脉冲编码帧结构

3．脉冲编码调制解调的基本原理。脉冲编码的解调原理框图如图 6－11 所示。

图 6－11　脉冲编码解调原理图

编码后的 PCM 码组，经过信道传输，输入至接收端。在接收端，二进制的数字编码首先被取样判决，然后进行串并变换输入至解码器，此功能由波形解码器完成。波形解码器输出的是幅度离散、时间连续的重建模拟信号。最后通过重建滤波器使信号的幅度和时间连续。在解调过程中，一般采用抽样保持电路，因此低通滤波器均需采用 $x/\sin x$ 型频率相应来补偿抽样保持电路引入的频率失真 $\sin x/x$。如果在发送端抽样信号不满足抽样定理，那么在接收端则会产生混叠失真。

4．利用 TIMS 实验平台实现脉冲编码调制的解调。PCM 脉冲编码的解调主要有两部分：解码器和滤波器。在 TIMS 实验平台中，提供了专门的功能模块 PCM DECODER 来实现脉冲编码的解调，类似于编码所用的 PCM ENCODER 模块。PCM DECODER 模块的原理框图，如图 6－12 所示。

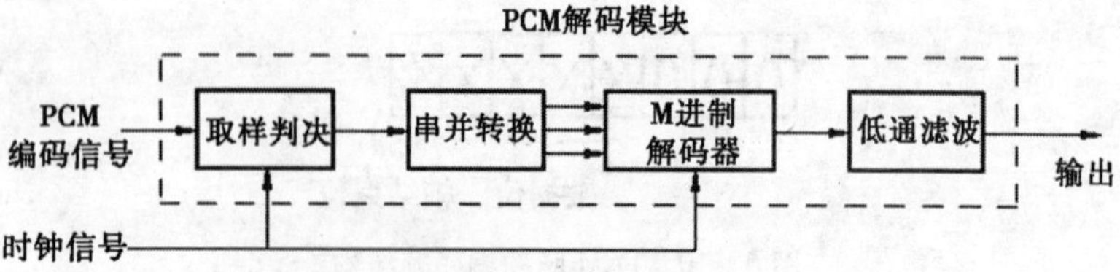

图 6-12　PCM DECODER 模块原理图

解码器部分利用 PCM DECODER 模块实现，滤波器使用 TUNEABLE LPF 模块，时钟信号仍使用 MASTER SIGNALS 模块产生的 8.3KHz 信号。此外，还需要调制端的帧同步信号，这样才能正确恢复出原始信号。

模块间的连线图，如图 6-13 所示。

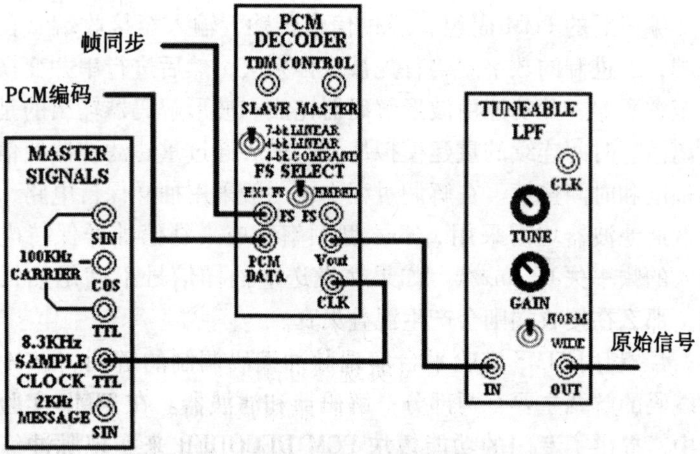

图 6-13　脉冲编码解调实验连线图

其中，PCM DECODER 模块的输出为重建信号，其波形如图 6-14 所示。

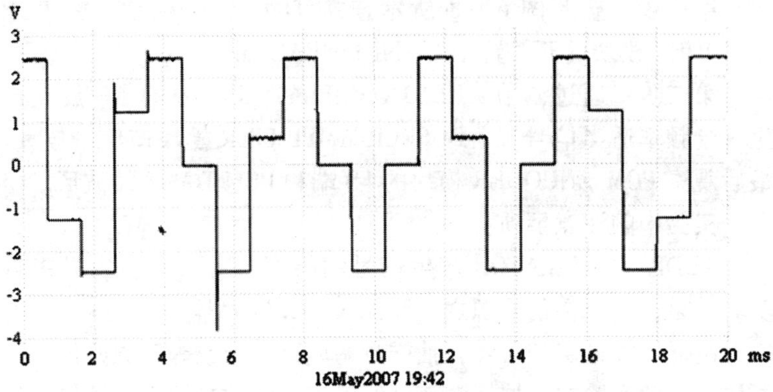

图 6－14 脉冲解码模块输出波形

由图 6－14 可见，重建信号的幅度是离散的，时间是连续的。最终重建信号通过低通滤波器后，它的波形得到平滑，输出即为原始信号。将原始信号与低通滤波器输出的解调信号进行比较，如图 6－15 所示。

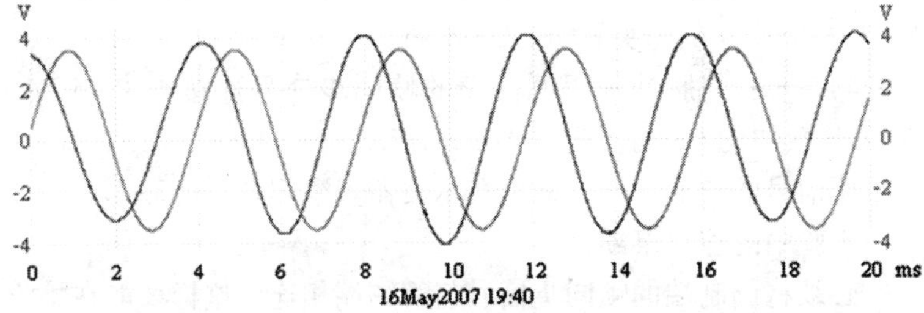

图 6－15 原始信号与脉冲编码解调信号的比较

6.2.7 实验方法与步骤

1. 脉冲编码的调制。

实验步骤：

第一步：按照图 6 – 8 所示连接 TIMS 各个模块。将 PCM ENCODER 模块的开关置于 4 – bit LINEAR 端。

第二步：通过调节 AUDIO OSCILLATOR 模块的 ΔF 旋钮产生一个频率适当信号源。BUFFER AMPLIFIER 模块使信号放大。最后观察 PCM ENCODER 模块的 FS 端和 PCM DATA 端波形。

实验中的注意事项：

AUDIO OSCILLATOR 产生信号的幅度不应太小，容易影响实验结果，因此在信号源之后要加入一级放大器。

由低通抽样定理可知，抽样频率应该大于或等于原始信号的两倍。在此实验中，抽样频率已经确定，因此必须使原始信号的频率小于或等于 4. 15KHz。这样才能在接收端无失真地恢复出原始信号。

2. 脉冲编码调制的解调。

实验步骤：

第一步：按照图 6 – 13 所示连接实验模块。将 PCM DECODER 模块的开关置于 EXT FS 端和 4 – bit LINEAR 端。将 TUNEABLE LPF 模块的开关置于 NORM 端。

第二步：将脉冲编码调制端的帧同步信号连接至 PCM DECODER 模块的 FS 端，调节 TUNEABLE LPF 模块的 TUNE 旋钮，使重建信号的波形平滑。最后在示波器观察解调后的波形。

实验中的注意事项：

必须将调制端的帧同步信号与解调端相连，这样才能在接收端正确恢复出每一帧信号。同时，在发送端和接收端所选择的编码位数和时钟周期信号也应该相同。

低通滤波器截止频率的选择对解调波形的影响非常大，截止频率的微小变化就会引起最终波形的较大失真，所以要反复调试低通滤波器的 TUNE 旋钮，使实验效果达到最佳。

6.2.8　实验报告要求

1. 结合实验要求，写明所需实验仪器、实验原理、实验内容，画出连线图以及步骤。

2. 分析实验结果。分析抽样频率应该选择在什么范围才能保证无失真的恢复原信号。

3. 通过调节不同的旋钮观察输出波形的变化。

6.2.9　参考资料

参考书：

1. 谢嘉奎，宣月清，冯军编. 《电子线路》非线性部分（第四版）. 北京：高等教育出版社，2000

2. 掌宇公司. TIMS 通讯教学实验系统实验手册. 北京：掌宇金仪科教仪器设备有限公司，2001

6.2.10　思考题

1. 分析抽样频率应该选择在什么范围才能保证无失真的恢复原信号。

2. 低通滤波器截止频率的选择对解调波形有什么影响?

3. 通过调节不同的旋钮观察输出波形有什么变化。

6.3　实验三　幅度键控信号的调制与解调

6.3.1　实验内容

1. 键控法实现幅度键控（2ASK）的调制。

2. 模拟法实现幅度键控（2ASK）的调制。

3. 幅度键控（2ASK）的非相干解调。

4．幅度键控（2ASK）的相干解调。

6.3.2　实验目的和要求

1．熟悉整个 TIMS 系统。

2．熟悉 TIMS 系统各个模块的功能和使用。

3．熟悉幅度键控（2ASK）调制解调的原理，学会在 TIMS 系统上自己选用模块实现其调制解调。

6.3.3　预习要求

1．复习 2ASK 的原理。

2．了解整个调制的过程，载波频率和基带带宽的关系。

3．熟悉提取包络的过程。

4．熟悉相干解调的原理和过程，熟悉每一步得出的波形。

6.3.4　实验设备

TIMS 实验箱以及常用模块。

6.3.5　仪器使用说明

1．使用仪器和学习机之前必须了解其性能、操作方法及其注意事项，在使用时应严格遵守。

2．实验时接线要认真，相互仔细检查。

6.3.6　实验原理

1．调制的方法及原理。二进制幅度键控（2ASK）是以单极性不归零码来控制正弦载波的振幅。通常，二进制振幅键控的产生方式中最简单的是载波在二进制调制信号 1 和 0 的控制下通断，这种二进制幅度键控的方式称为通 - 断键控（OOK），它的时域表达式为：

$Sook = a_n \cdot A\cos\omega_c t$

这里，A 为载波幅度，ω_c 为载波频率，a_n 为二进制数字，

$$a_n = \begin{cases} 0，概率为 P \\ 1，概率为 1-P。\end{cases}$$

典型波形图如图 6－16 所示。

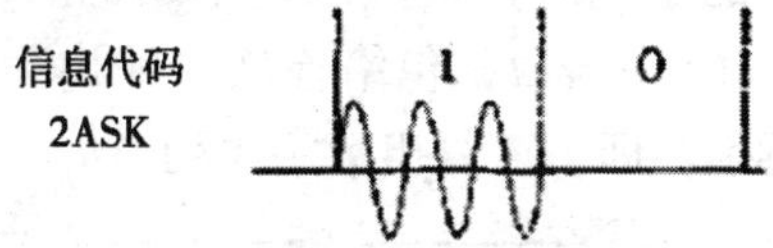

图 6－16　OOK 信号的典型波形

在一般情况下，调制信号可以是具有一定波形形状的二进制序列。

$$B(t) = \sum_n a_n g(t - nTs)$$

这里，Ts 为信号间隔，g（t）为调制信号的时间波形，二进制幅度键控信号的一般时域表达式为：

$$S_{ASK}(t) = [\sum_n a_n g(t - nTs)]\cos\omega_c t$$

产生框图如图 6－17 所示。

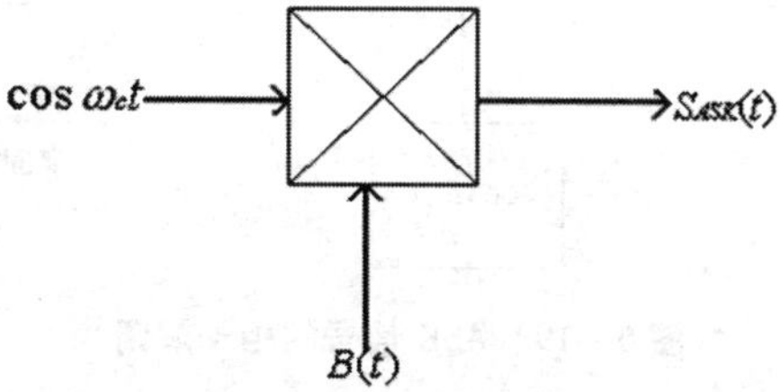

图 6－17　模拟法

2. 解调的原理。ASK 信号的解调由振幅检波器完成，具体方法有两种，包括相干解调和包络解调。包络检波法的原理方框

图如图 6－18 所示。带通滤波器恰好使 ASK 信号完整的通过，滤除带外噪声，经包络检测后，输出其包络。低通滤波器的作用是滤除高频杂波，使基带包络信号顺利通过。抽样判决器包括抽样、判决及码元形成，有时又称为译码器。定时抽样脉冲是很窄的脉冲，通常位于每个码元的中央位置，其重复周期等于码元的宽度。不计噪声的影响时，$y(t)$ 经过带通滤波器后输出为 ASK 信号，即 $y(t)=s(t)\cos\omega_c t$，包络检波器输出为 $s(t)$，经抽样、判决后将码元再生，即可恢复出数字序列 $\{a_n\}$。

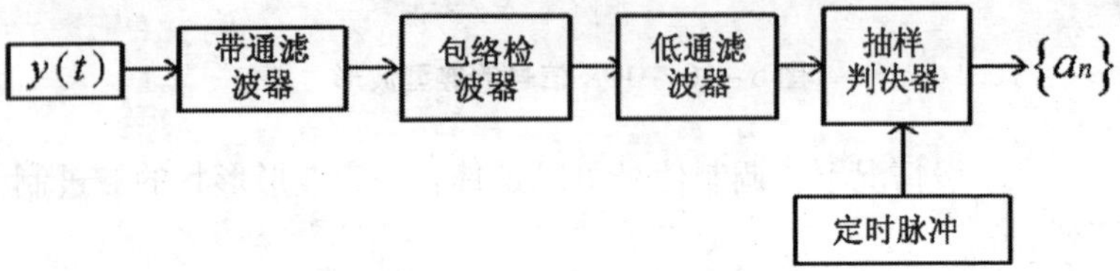

图 6－18　ASK 的包络检波

相干解调原理框图如图 6－19 所示。

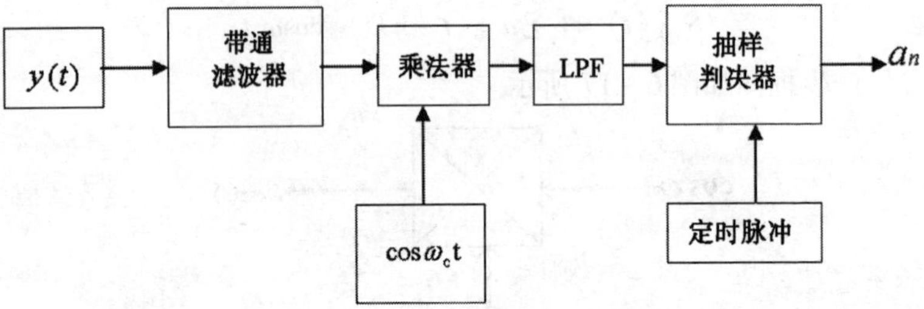

图 6－19　ASK 信号的相干解调

相干解调指利用与接收的载波同频同相的恢复载波来进行的解调，又称同步解调。同步解调时，接收机要产生一个与发送载波同频同相的本地载波信号，称其为同步载波或相干载波。利用相干载波与接收到的已调波相乘。

相乘器输出为：

$$z(t)=y(t)\cdot\cos\omega_c t=s(t)\cdot\cos^2\omega_c t$$

$$=s(t)\cdot\frac{1}{2}[1+\cos2\omega_c t]=\frac{1}{2}s(t)+\frac{1}{2}s(t)\cos2\omega_c t$$

上式中，第一项是基带信号，第二项是以 $2\omega_c$ 为载波的成分，两者的频谱相差很远，经低通滤波后，即可输出 $\frac{1}{2}s(t)$ 信号。低通输出的截止频率取得与基带数字信号的最高频率相等。由于噪声影响及传输特性的不理想，低通滤波器输出的波形有一定失真，经抽样判决、整形后再生数字基带脉冲。

6.3.7　实验方法与步骤

1. 2ASK 的键控法调制：

（1）实验所需仪器：序列产生器（SEQUENCE GENERATOR）、主振荡器模块（MASTER SIGNALS）、音频发生器（AUDIO OSCILLATOR）、双模拟开关（DUAL ANALOG SWITCH）。

（2）实验步骤：

第一步：音频发生器的输出端输出的为载波信号。载波的频率可调，将频率的输出加到计频器的输入端，通过调节旋钮将频率调到合适的频率，将其输出连至双模拟开关的 IN 输入端。

第二步：将主振荡器的 2KHz message 输出连至序列产生器的时钟输入，在 X 输出端输出一串单极性序列。

第三步：输出的序列加至双模拟开关的 CONTROL 端。通过双模拟开关的作用，OUT 端输出 ASK 信号。

实验连线框图如图 6－20 所示。

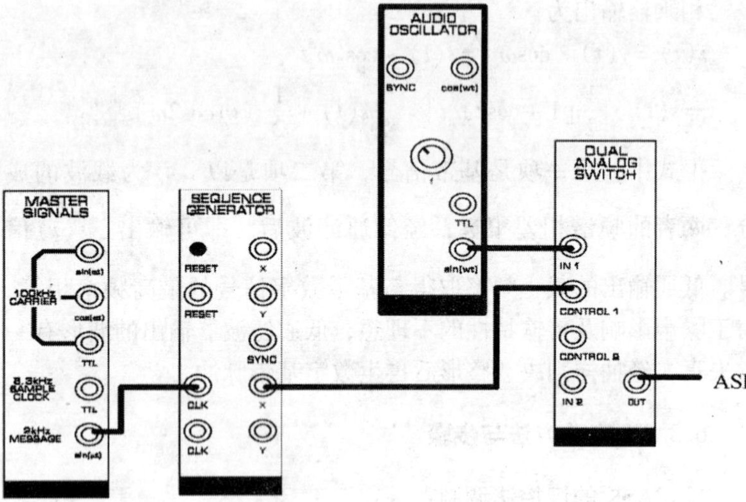

图 6－20　键控法实验连线图

其中，序列产生器输出的序列图形如图 6－21 所示。

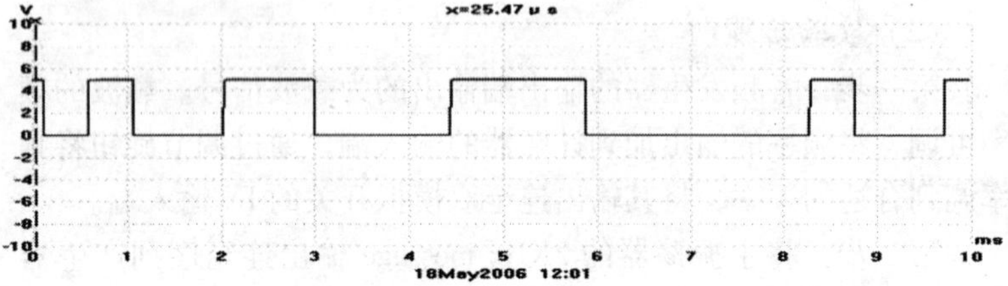

图 6－21　序列产生器输出序列

原序列和调制后的信号相比较如图 6－22 所示。

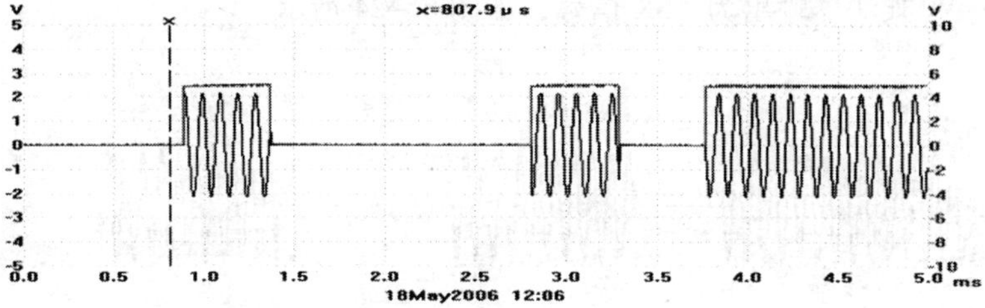

图 6－22　序列和调制后的信号

2. 模拟法实现 ASK 调制：

（1）实验所需仪器：序列产生器（SEQUENCE GENERATOR）、主振荡器模块（MASTER SIGNALS）、音频发生器（AUDIO OSCILLATOR）、乘法器（MULTIPLIER）。

（2）实验步骤：

第一步：将序列产生器产生器的输出连至乘法器的其中一输入端，另一输入端加载波信号。

第二步：乘法器的输出在示波器上显示，即所需要的 ASK 信号。

连线框图如图 6－23 所示。

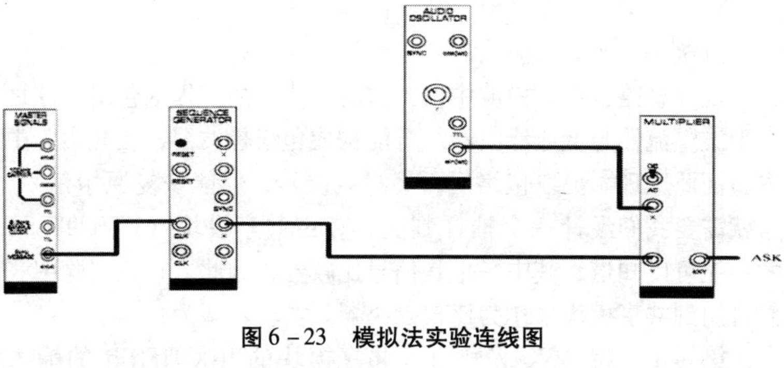

图 6－23　模拟法实验连线图

乘法器输出为 ASK 信号，如图 6－24 所示。

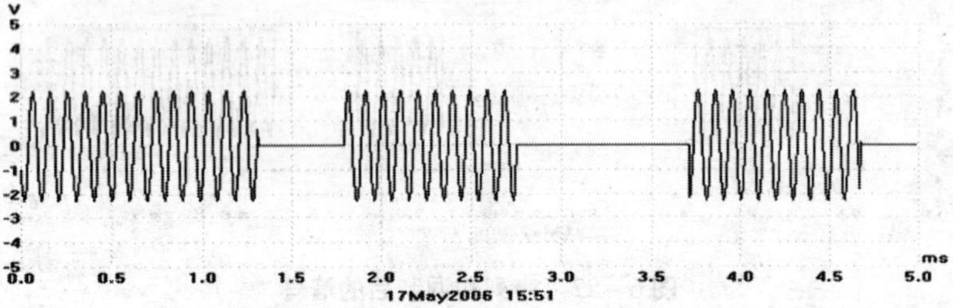

图 6－24　调制后的 2ASK 信号

与原序列相比较如图 6－25 所示。

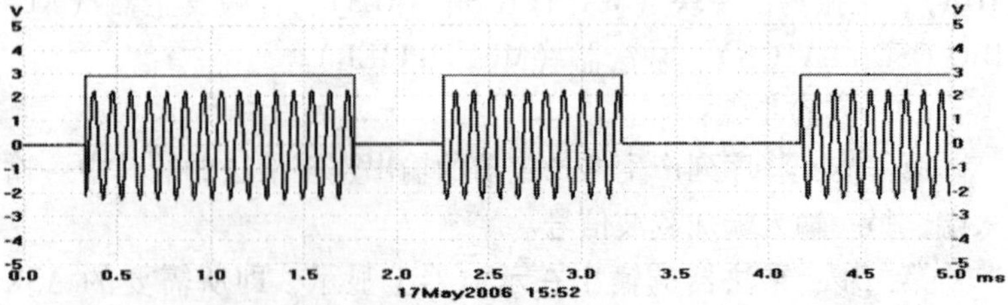

图 6－25　原序列和调制后的 2ASK 信号

3. 用 TIMS 实现 ASK 的解调。

方法一：包络检波法。

设计思路：包络检波中很关键的一步是如何提取包络。原理上半波整流器与低通滤波器结合能构成包络检波器，在此实验中先验证此原理。提取包络后再经过判决器，就能恢复原始信号，这就需要我们设计一个抽样判决器，由共享模块（UTILITIES）的功能可以知道，其中一个是信号比较器，因此，在此实验中我们将用到共享模块来作为比较判决器。实验步骤为：

第一步：将 ASK 信号输入共享模块的 RECTIFIER 的输入端，将其输出加至可调低通的输入端，其中低通选择 NORMAL

(频带范围在200Hz到5KHz之间)，调整低通的两个旋钮使得低通的输出近似为如图6－26所示。

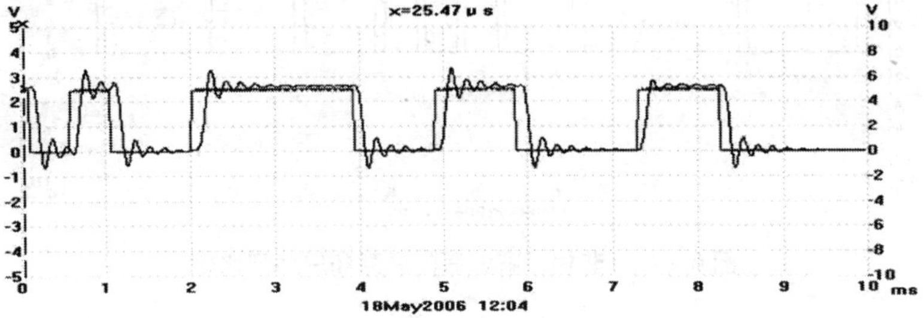

图6－26　原始序列和低通滤波器的输出信号比较

第二步：低通输出为调制信号的包络，将包络送进比较器的模拟信号输入端，参考电平端的输入信号由可变直流（Variable DC）的DC提供。

第三步：比较器的TTL输出信号在示波器显示选择器的CH1上显示。

第四步：在示波器显示选择器的CH2口上加原始序列，在示波器打开两个通道便能看到解调后的信号和原始信号的对比，旋转可变直流的旋钮，改变判决的阈值，还调整低通滤波器的截止频率，直到CH1输出信号与原序列（CH2输出信号）相同，由于经过仪器和若干线传输后会出现一定延迟。

对比的框图如6－27所示。

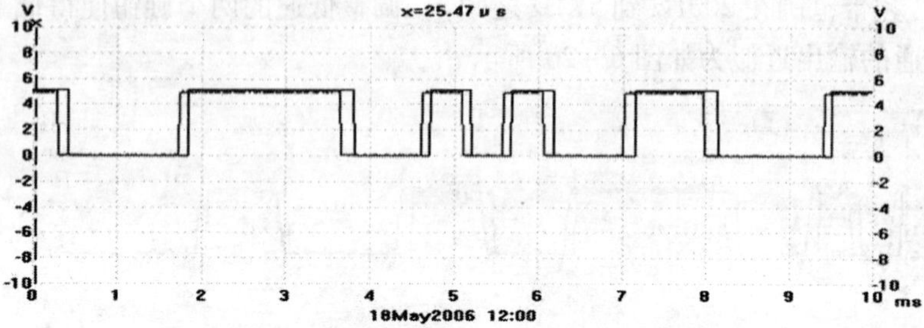

图 6－27　非相干解调后的序列和原序列比较

其中，超前的为原序列，滞后的为解调后的序列。

实验连线框图如 6－28 所示：

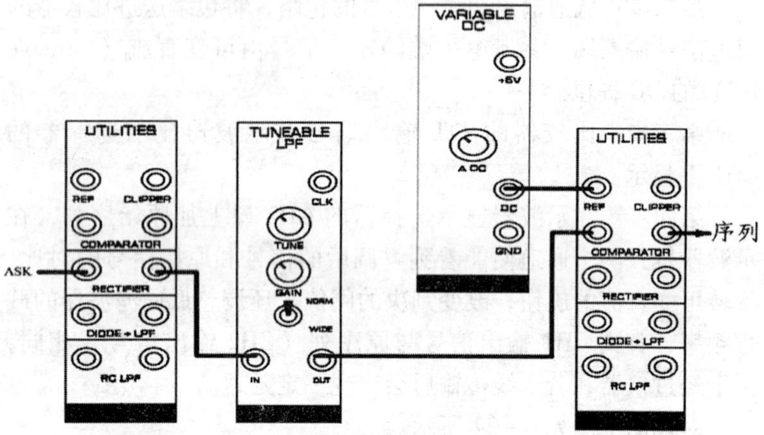

图 6－28　实验连线图

方法二：相干解调。

设计思路：ASK 的相干解调需要一个乘法器（MULTIPLIER）、可变低通滤波器（TUNEABLE LPF），还需要得到同频同相的载波，最后同样需要共享模块（UTILITIES）来判决，开始所用的本地载波直接由调制时的音频产生器产生，跟调制时所用的载波连一个接口，可是为了防止传输线存在一定的误差，不能得到完全同频同相的载波，因此，在此实验中用到的模块有移相器（PHASE SHIFTER）。

实验步骤：

第一步：将调制输出的 ASK 信号加到乘法器的其中一端。

第二步：调制时载波是由音频产生器产生的，因此，将同样输出端口的输出信号再加上一个移相器便得到相干载波。

第三步：移相器输出的信号加至乘法器的另一输入端。乘法器的输出信号与原序列比较如图 6－29 所示。

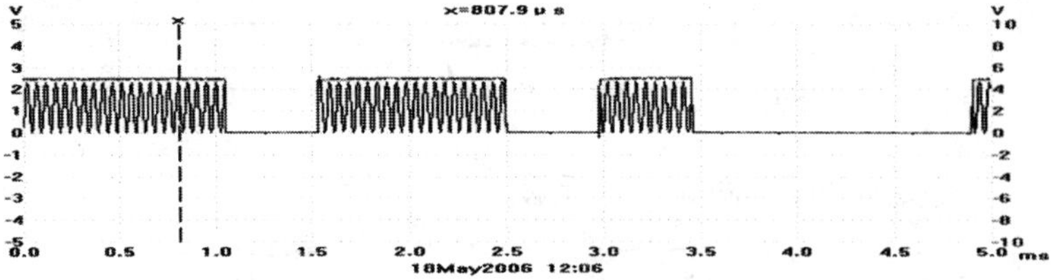

图 6－29　乘法器输出信号和原序列比较

第四步：乘法器的输出为低通滤波器的输入，不断调整低通，使滤波器输出信号与原序列比较如图 6－30 所示。

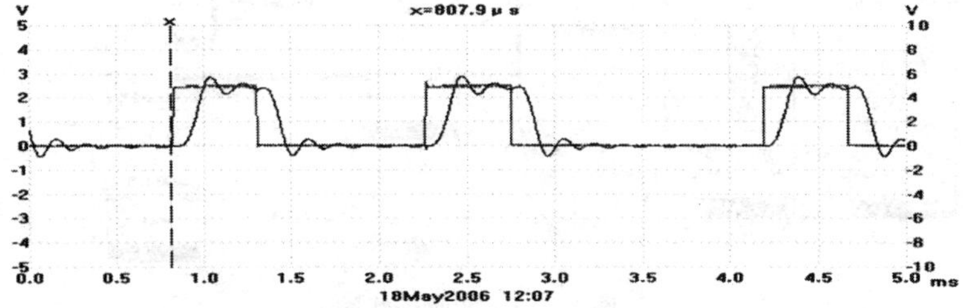

图 6－30　低通滤波器输出信号与原序列比较

第五步：跟非相干解调一样通过共享模块中的比较器进行判决。判决后的信号在示波器显示选择器的 CH1 口显示出来，并在示波器显示选择器的 CH2 口接上原序列，在示波器上得到调制之前和解调后的序列比较，调节判决的直流电平使原序列跟解调出来的序列差异达到最小。

对比框图如图 6－31 所示。

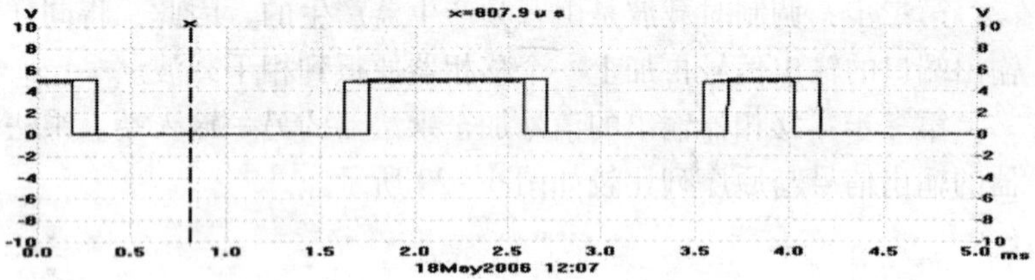

图 6－31　相干解调后的序列与原序列比较

实验连线图如图 6－32 所示。

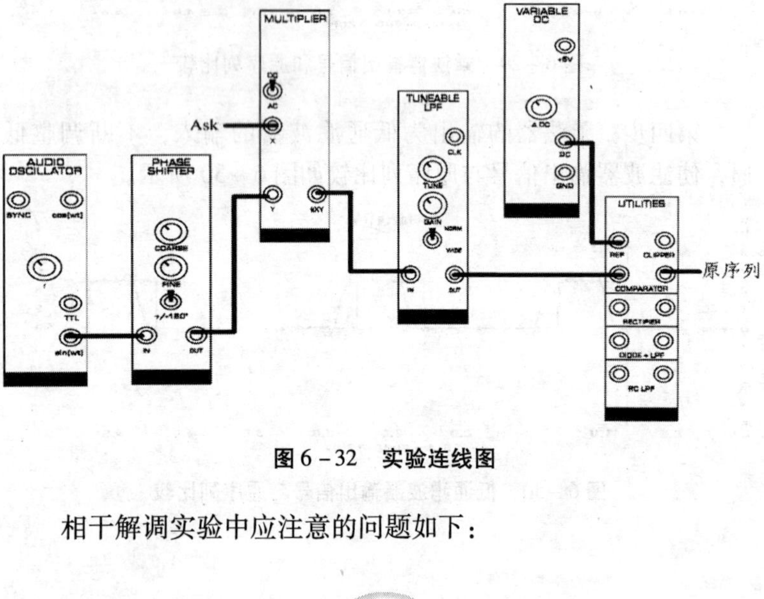

图 6－32　实验连线图

相干解调实验中应注意的问题如下：

1. 移相器的调整。
2. 粗调和细调低通滤波器。
3. 直流电平的调整。

6.3.8　实验报告要求

1. 写明实验目的。
2. 写明实验仪器、设备的名称和型号。
3. 画出各个点出现的波形。

6.3.9　参考资料

参考书：

1. *TIMS Experiment manuals—TIMS Lab sheet*, 2001
2. *TIMS user manuals—Basic modules*, 2001
3. 樊昌信等. 通信原理. 北京：国防大学出版社，1993

6.3.10　思考题

1. 载波频率如何选取?
2. 每一步出现的波形，判断是否正确。

6.4　实验四　频移键控信号的调制与解调

6.4.1　实验目的

1. FSK 调制的实现。
2. FSK 相干解调的实现。

6.4.2　实验目的和要求

1. 熟悉仿真设计的主要环节和方法。

2. 熟悉 TIMS 系统以及各个模块的功能。
3. 深入理解 FSK 调制解调原理，从而实现其仿真。

6.4.3 预习要求

1. 理解 FSK 的原理。
2. 了解整个过程中各个功能模块的功能。
3. 了解 TIMS 系统以及各个功能模块和数学意义。

6.4.4 实验设备

TIMS 实验箱和各个模块。

6.4.5 仪器使用说明

1. 使用仪器前，检查电源、硬件系统有无损坏。
2. 检查电脑运行是否正常。
3. 进行硬件仿真时连线和插拔模块要细致。

6.4.6 实验原理

调制原理：频移键控是利用载波的频率变化来传递数字信息。在二进制的情况下，1 对应载波频率 f_1，0 对应于载波频率 f_2，二进制频移键控如同两个不同频率交替发送的 ASK 信号，因此已调信号的时域表达式为 $S_{2FSK}(t)=[\sum_n a_n g(t-nT_S)]\cos\omega_1 t+[\sum_n \overline{a_n} g(t-nT_S)]\cos\omega_2 t$。

因此与 ASK 相对照，FSK 信号相当于频率为 f_1 和 f_2，幅度相同的两个独立的 ASK 信号相加的结果，但由于这种信号的相位是不连续的，因而功率谱的旁瓣衰减较慢，会降低信道频谱的利用率，实际中已较少使用。改进的方法可以利用单个载波振荡源，取得连续相位的 FSK。如图 6－33 所示为 FSK 的时域波形。

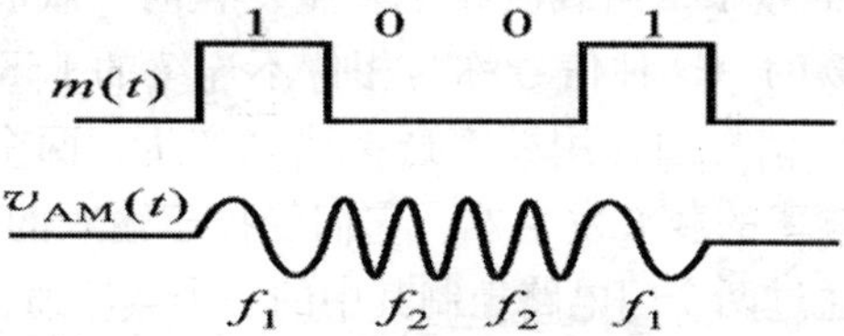

图 6－33 FSK 时域波形

FSK 信号的功率谱是两个 ASK 信号功率谱之和，就是分别以f_1 及f_2 为中心的两个 ASK 信号的功率谱相加，参照 ASK 信号的功率谱可以写出 FSK 信号的功率谱：

$$P_{FSK}(f)=\frac{T_s}{16}\{S_a{}^2[\pi(f-f_1)T_s]+S_a{}^2[\pi(f+f_1)T_s]+S_a{}^2[\pi(f-f_2)T_s]+S_a{}^2[\pi(f+f_2)T_s]\}+\frac{1}{16}[\delta(f+f_1)+\delta(f-f_1)+\delta(f+f_2)+\delta(f-f_2)]$$

若只考虑频谱的绝对值，FSK 信号的功率谱如图 6－34 所示。

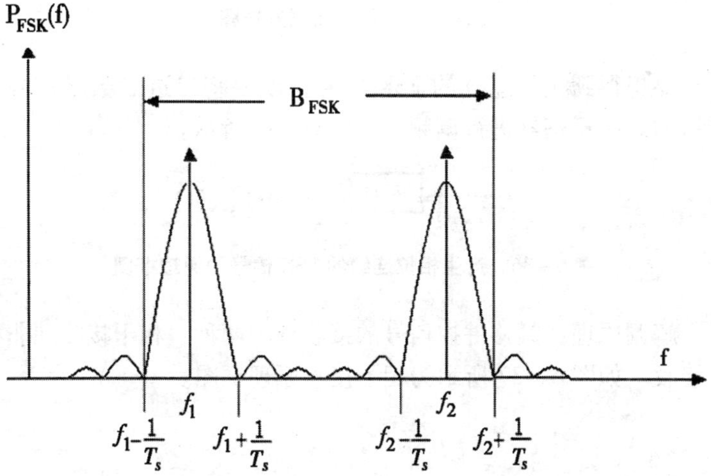

图 6－34 只考虑频谱绝对值的 FSK 信号功率谱

在 FSK 信号中，当载波频率发生变化时，载波的相位一般来说是不连续的，这种信号称为相位不连续的 FSK 信号。相位不连续的 FSK 信号通常用频率选择法来产生，两个独立的振荡器作为两个频率的载波发生器，它们受控于输入的二进制信号。二进制信号通过两个门电路控制其中的一个载波通过。

相位不连续的 FSK 原理方框图如图 6－35 所示。

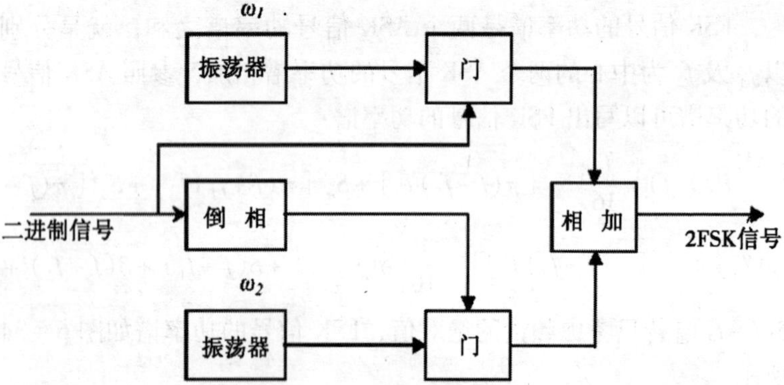

图 6－35　FSK 原理方框图

要想得到相位连续的 FSK 信号，就要将二进制数字信号对单一的载频振荡器进行调频，如图 6－36 所示。

图 6－36　产生相位连续的 FSK 信号的原理框图

解调原理：频移键控信号的接收分为两种：相干接收和非相干接收。如图 6－37 所示为相干接收原理框图。

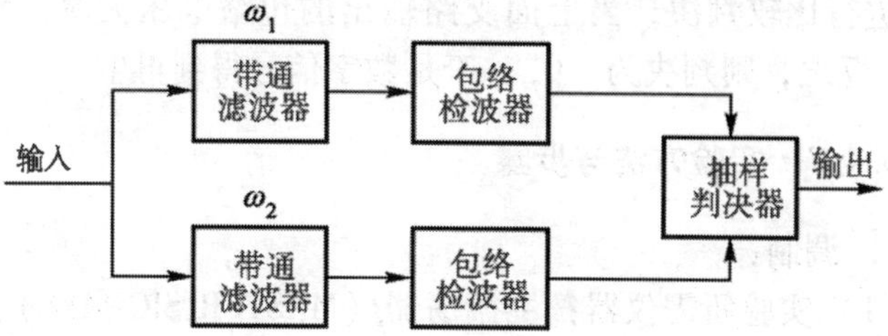

图 6－37　相干接收原理框图

相干接收原理：

BPF1，中心频率为 f_1，代表数字信号“1”；

BPF2，中心频率为 f_2，代表数字信号“0”；

接收信号，经过两个带通分路，分别进行相干解调，即两条支路分别乘以各自的载波，分别产生直流和倍频分量，只有直流分量能够通过低通滤波器，然后判决器对两个支路输出的直流分量，在抽样时刻，进行比较判决，若上面支路输出的直流分量大，则判为“1”信号，反之，若下面支路输出的直流分量大，则判为“0”信号，于是数字信号得到再生。

非相干接收原理图如图 6－38 所示。

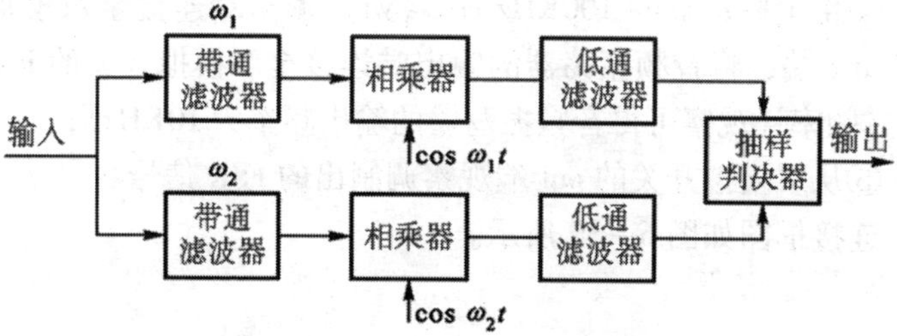

图 6－38　非相干接收原理图

接收信号分成两路，分别进行非相干接收，然后在抽样时刻，进行比较判决，当上面支路输出的包络电压大时，判决为“1”；反之，则判决为“0”，于是数字信号得到再生。

6.4.7 实验方法与步骤

1. 调制：

（1）实验所需仪器：主振荡器（MASTER SIGNALS）、音频振荡器（AUDIO OSCILLATOR）、移相器（PHASE SHIFTER）、双模拟开关（DUALANALOG SWITCH）、电压控制振荡器（Vco）。

（2）实验步骤：

方法一：

①将主振荡器的2KHz MESSAGE sin（t）连接至序列产生器的CLK端；

②将序列产生器的输出端x分别连接至双模拟开关的control1端和移相器的输入端（in），并调节移相器使得输入信号反相；

③将移相器的输出端（out）连接至双模拟开关的control2端；

④将主振荡器的100KHz cos（wt）输出端连接至双模拟开关的in2端，将音频振荡器的输出端连接至双模拟开关的in1端（通过频率计观察可得音频振荡器的输出频率为10KHz）；

⑤从双模拟开关的out端观察调制出的FSK信号。

连接框图如图6-39所示。

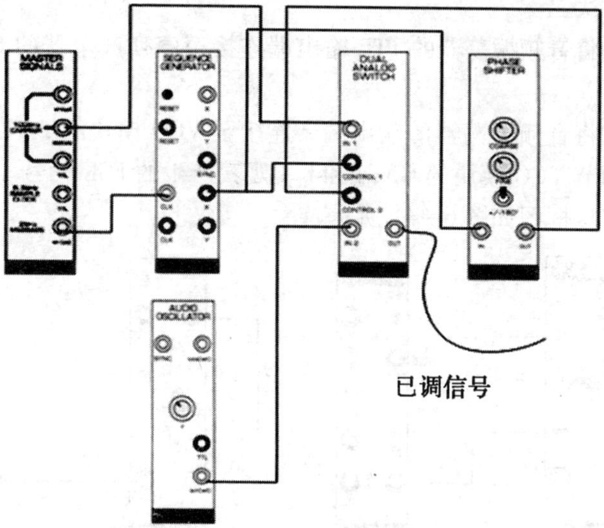

图 6－39　FSK 调制实验连接框图

调制后所得波形图如图 6－40 所示。

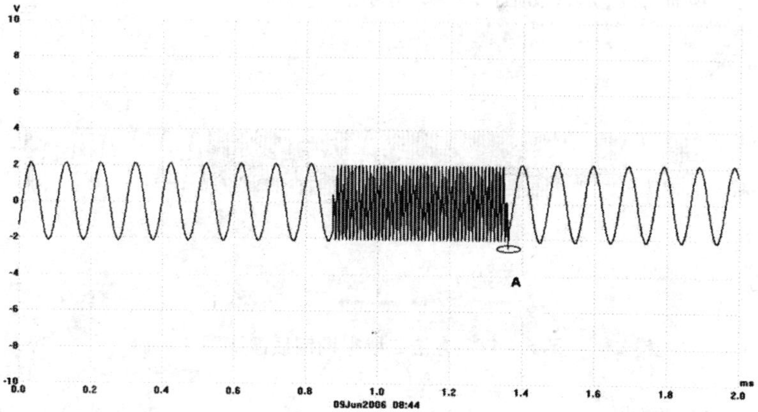

图 6－40　方法一所得波形图

方法二：

①将音频振荡器的 TTL 输出端连接至序列产生器的 CLK 输入端；

②将音频振荡器的输出端 x 连接至 VCO 模块的 DATA 输入端，调节 VCO 模块的 GAIN 和 f_0，观察产生的 FSK 信号。

连接框图如图 6 -41 所示。

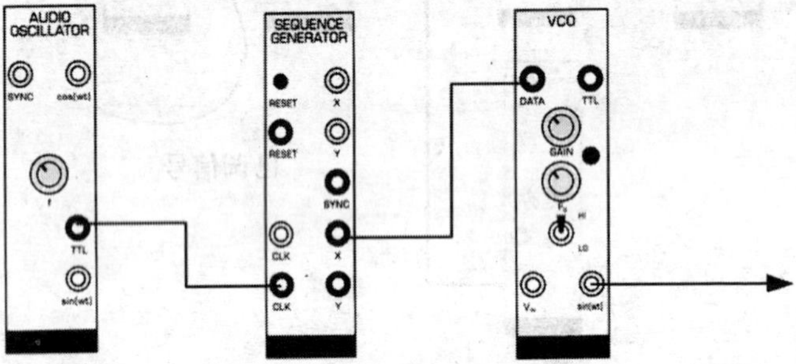

图 6 -41　FSK 实验连接框图

调制后波形图如图 6 -42 所示。

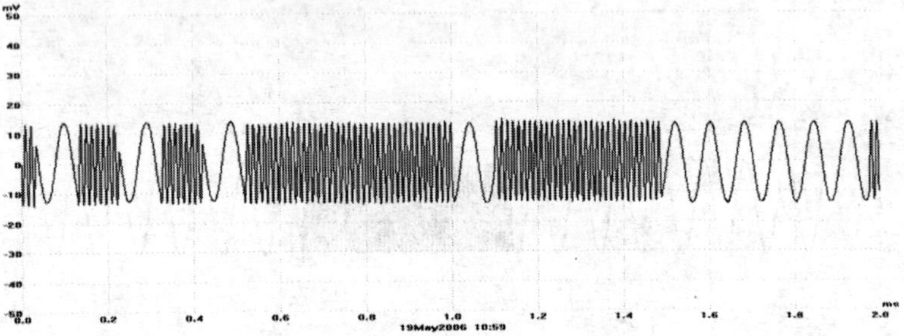

图 6 -42　方法二所得调制后波形图

2．解调。

（1）实验所需仪器：主振荡器（MASTER SIGNALS）、音频振荡器（AUDIO OSCILLATOR）、移相器（PHASE SHIFTER）、双模拟开关（DUALANALOG SWITCH）、加法器（ADDER）、音频振荡器（AUDIO OSCILLATOR）、乘法器（MULTIPLIER）、共享模块（UTILITIES）、100kHz 带通滤波器、可调低通滤波器。

（2）实验步骤：

第一步：将用改进后的方法一调制出的已调信号分别连接至可调低通滤波器和 100KHz 带通滤波器的输入端。

第二步：分别将可调低通滤波器和 100KHz 滤波器的输出端连接至两个乘法器的输入端，将主信号振荡器的 100KHz 和音频振荡器的输出端分别连接至对应乘法器的输入端。

第三步：分别将两个乘法器的输出端连接至两个可调低通滤波器的输入端。

第四步：分别将两个可调低通滤波器的输出端连接至加法器的输入端。

第五步：将加法器的输出端连接至共享模块中（COMPARATOR）模块的输入端，从其输出端观察解调信号。连接框图如图 6－43 所示。

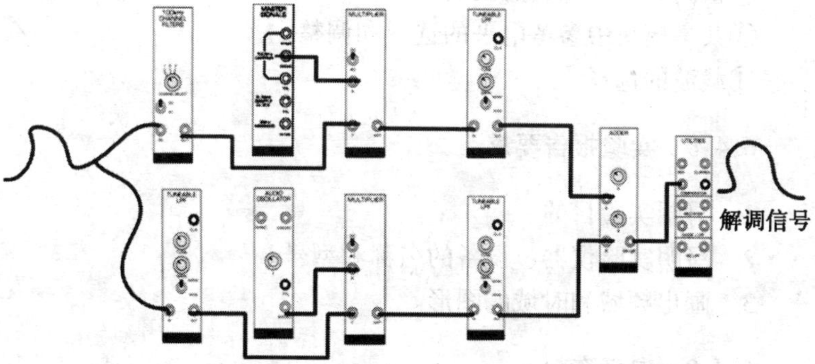

图 6－43　解调系统连接图

解调信号和原始信号对比图如图 6 - 44 所示。

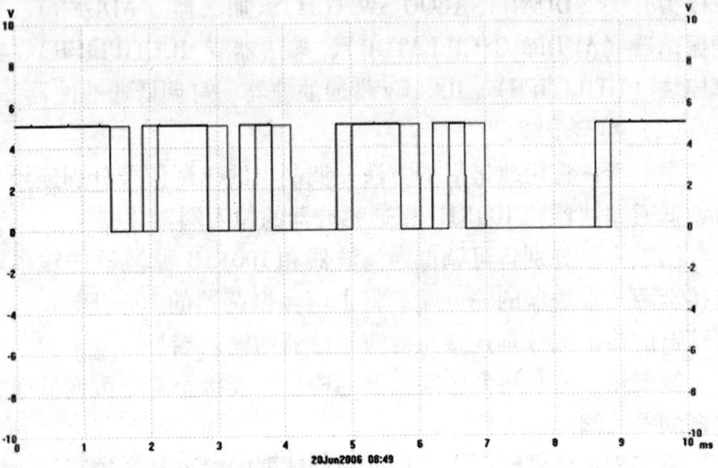

图 6 - 44 解调信号和原始信号比较图

解调实验中应注意的问题：

①移相器的调整。

②粗调和细调低通滤波器。

③共享模块中参考电平的选择和调整。

④载波的选择。

6.4.8 实验报告要求

1. 写明实验目的。
2. 写明实验仪器、设备的名称和型号。
3. 画出频域和时域的图形。

6.4.9 参考资料

参考书：

1. TIMS Experiment manuals—TIMS Lab sheet，2001
2. TIMS user manuals—Basic modules，2001
3. 樊昌信等. 通信原理. 北京：国防大学出版社，1993

6.4.10　思考题

1. 载波频率如何选取？
2. 每一步出现的波形，判断是否正确。

第三篇　通信系统专业实验

第七章　现代通信技术实验

7.1　实验一　光纤基本原理实验

7.1.1　实验内容

1. 学会光纤通信软件的基本使用。
2. 设计出符合要求的光纤。

7.1.2　实验目的和要求

1. 认识光纤的基本特性;
2. 通过模拟仿真了解光纤的特性及优点。

7.1.3　预习要求

1. 学习现代光纤工作原理及结构组成。
2. 掌握常见的光纤通信中的英文专业术语。

7.1.4　实验设备

仿真软件 OptiBPM，OptiFDTD。

7.1.5　设备使用说明

1. 使用设备之前必须了解其性能、操作方法及其注意事项，在使用时应严格遵守。

2. 实验时要认真按照老师的要求进行，未经指导老师许可不得擅自拆卸设备组件。

3. 爱护设备，轻拿轻放，切勿摔碰，使用完毕后迅速归还。

4. 不得用计算机做实验之外的事情，正确下载安装所用软件。

7.1.6　实验原理

光纤（OPTICAL FIBER）是近代光纤通信中一项非常重要的传输介质，自从高锟博士提出以光纤波导传送激光信号至远处以达到通信目的至今已将近四十年。这期间，光纤的制作技术一日千里，从每公里损耗 20dB 一直到现今的每公里 0.2dB 以下，光纤损失已经接近理论分析值。与人类头发直径相当的玻璃光纤，其结构基本上是由外层的光纤覆层（CLADDING）及内层的纤芯（CORE）所组成，由于纤芯较覆层具有较高的折射率，使得在光纤中传输的光信号因为满足全反射（TOTAL INTERNAL REFLECTION；TIR）效应而能做长距离的信号传输。覆层大部分由纯石英（QUARTZ，SiO2）所制成，而纤心则因在石英上掺杂有不同浓度的杂质如二氧化锗，因此具有较高的折射率。为了使用的便利，在制作光纤时，覆层外常加有多层的保护披覆以免伤害到脆弱的玻璃光纤，其最简易的结构如图 7－1 所示，亦有缓冲披覆（BUFFER）及披覆（JACKET）两层，前者的材质不外乎是矽或丙烯酸，后者大多都由尼龙或是其他坚固材质所制成。在设计光纤时有几个参数需要注意：

1. 光纤的损耗为波长的函数。

2. 光纤耦合激光信号的能力［通常称为数值孔径（NUMERICAL APERTURE）］。

3. 传输的容量。

4. 脉冲展宽及传输的容量为波长的函数。

5. 光纤熔接或连接所产生的容差（TOLERANCE）。

6. 操作波长。

7. 在不同工作环境下所产生的容差。

8. 光纤结构上的强度及使用弹性。

9. 制作成本。

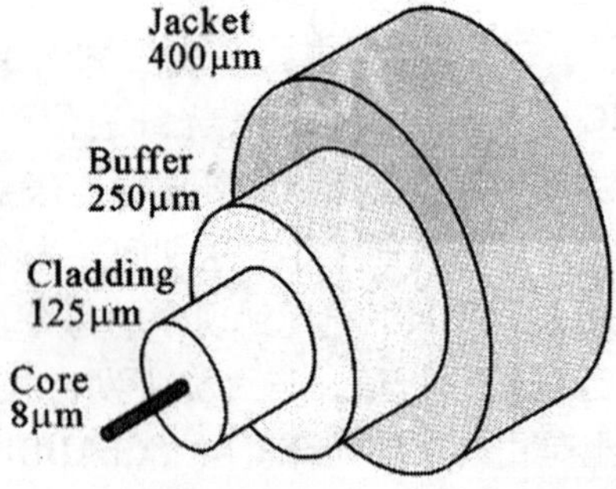

图 7－1　玻璃光纤的切面概图

由图 7－2 我们可以看到三种形态的光纤。随着纤芯与覆层折射率分布（INDEX PROFILE）的不同，我们可以将其分成阶跃折射率（STEP INDEX，简写为 SI）多模光纤、渐变率（GRADED INDEX，简写为 GI）多模光纤，以及阶跃单模光纤。大家可以由图 7－2（a）及图 7－2（b）可知，其纤芯的直径为 50μm，使用多模渐变率光纤的好处在于传输的激光信号均有同样的光程（OPTICAL PATH），在接收端时所产生的信号展宽（BROADENING）

会较使用多模阶跃光纤少，也就是存在有较少的色散：使用图7－2（c）的单模光纤的纤芯直径只有约5μm～10μm，传输时只具有单一的模态，因此，不存在有模间色散（MODAL DISPERSION）的问题，适用于长距离、大容量的通信系统。

除了以上三种折射率分布的光纤外，为了克服通信上的种种问题（如色散或损耗），有了各种新式折射率分布及改良式的光纤，如色散补偿光纤（DISPERSION COMPENSATED FIBER，简写为DCF）、零色散光纤（ZERO DISPERSION－SHIFTED FIBER）、非零色散位移光纤（ZONZERO DISPERSION－SHIFTED FIBER）等，其工作原理不在此赘述。

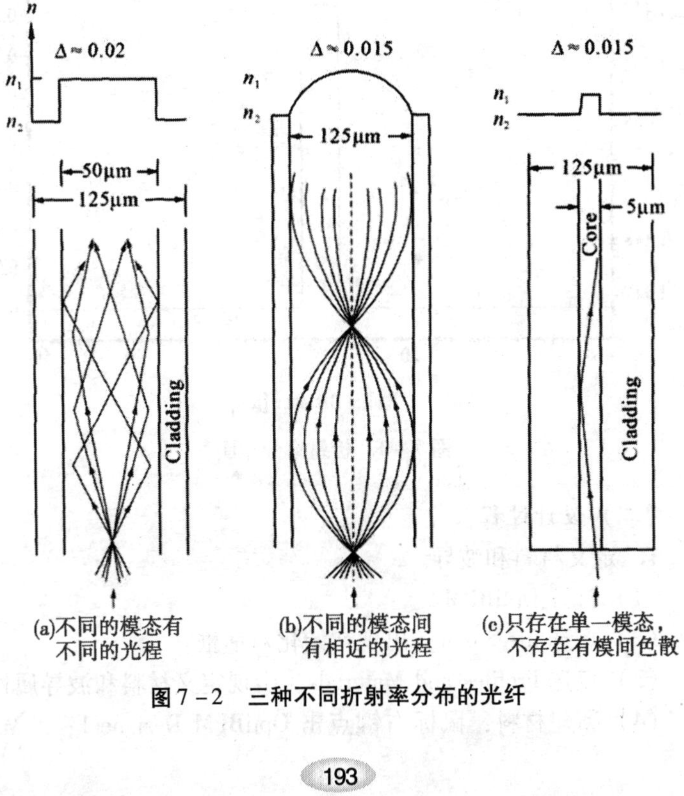

图7－2　三种不同折射率分布的光纤

7.1.7 实验方法与步骤

（一）设计要求

本次实验设计出如下光纤：Step Index Fiber，型号是 SMF－28。

SMF－28 的参数如下：

1. Core Radius：4.07μm
2. R. L of Core：1.45204
3. R. L of Cladding：1.44681

其折射率如图 7－3 所示。

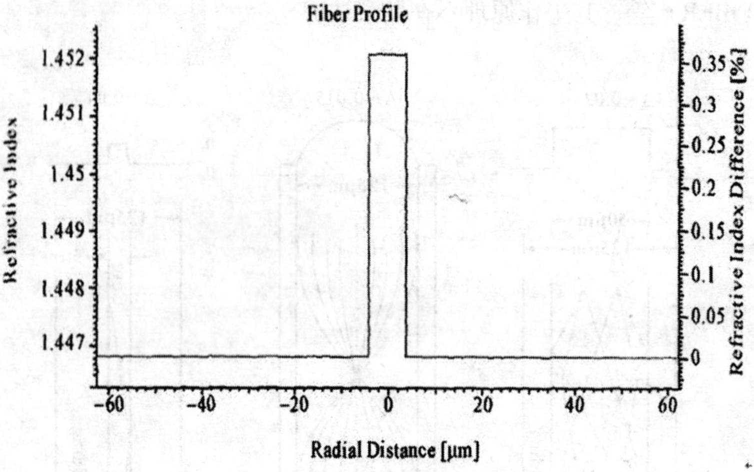

图 7－3 折射率分布图

（二）设计过程

1. 定义材料和波导。

（1）打开 OptiBPM。

（2）点选 file＞new，出现初始化对话框。

（3）点选 Profiles and Materials，出现定义材料和波导属性。

（4）新建材料：鼠标右键点击 OptiBPM Designer1：＞Material > Dielectric，出现对话框。

（5）定义材料属性：点击 New 定义材料属性。

光纤的 Core 和 Cladding 是两种不同的材料，为了产生全反射，Core 的折射率一定大于 Cladding 的折射率，定义如下：

· Name：Core

2D Isotropic Tab

Refractive Index（Re）：1.45204

3D Isotropic Tab

Refractive Index（Re）：1.45204

· Name：Cladding

2D IsotrooicTab

Refractive Index（Re）：1.44681

3D Isotropic Tab

Refractive Index（Re）：1.44681

（6）新建波导：在 OptiBPM Designer1 > Profiles > Fiber 新建一个波导。

（7）定义波导属性：按照下列参数输入：

Profile Name：SMF－28

2D Profile Definition tab

Material：Core

3D Profile Definition tab

Laver Name：Core

Width：4.07

Thickness：4.07

Material：Core

（8）关闭 Profiles Designer。

2. 定义 LayOut。

（1）完善初始化资料：输入下列参数：

Wafer Dimensions Tab

Length：1000

Width：60

2DWafer Properties Tab

Cladding

Material：Cladding

3DWafer Properties Tab

Cladding

Material：Cladding

Thickness：30

Substrate

Material：Cladding

Thickness：30

最后点选 OK。

（2）绘制光纤：点选  绘制一个线性波导，如图 7－4 所示。

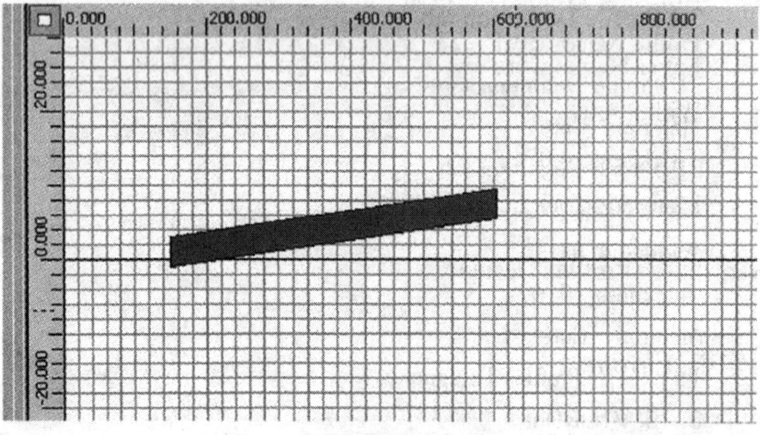

图 7－4　绘制的线性波导

双击此波导输入参数如下：

Start Offset：

Horizontal：0

Vertical：0

End Offest：

Horizontal：1000

Vertical：0

Width：8.14

Profile：SMF－28

（3）绘制输入波面：点选  绘制波面，如图7－5所示。

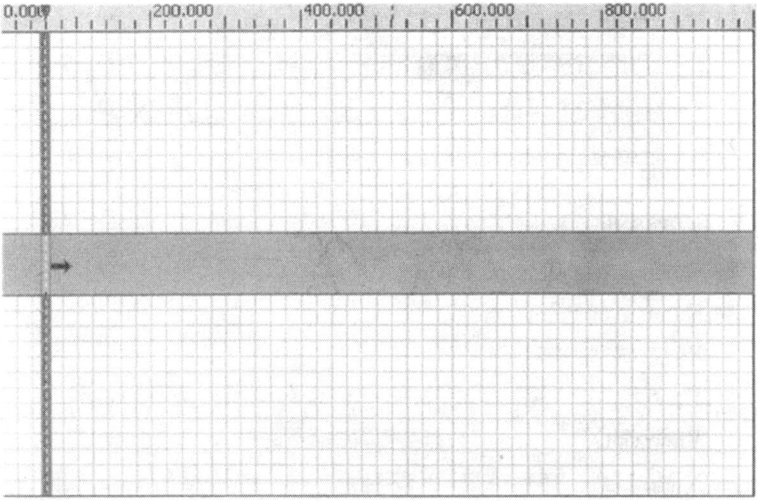

图7－5　绘制的波面

3．模拟。

（1）设定模拟参数：在 Simulation > Simulation Parameters（如图7－6所示）对话框中点选3D Isotropic Tab。

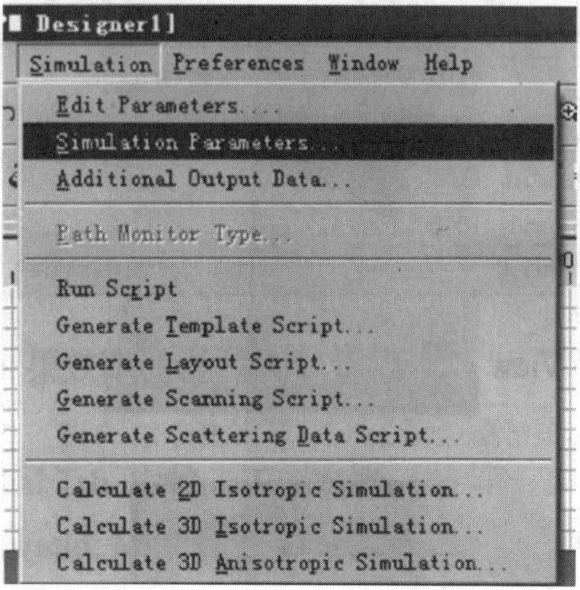

图7－6　Simulation Parameters 选项

按照下列参数输入：

Number of Points in Mesh

Number of Points/m

X：5

Y：5

View Cut

X Mesh Pt：151

Y Mesh Pt：151

4. 观看 Refractive Index Distribution（X－Y cut）。在 Layout Designer，点击 Ref. Index（n）－3D XY Plane View Tab（见图7－7），观看 Refractive Index Distribution，如图7－8所示。

图 7－7　Ref. Index 图

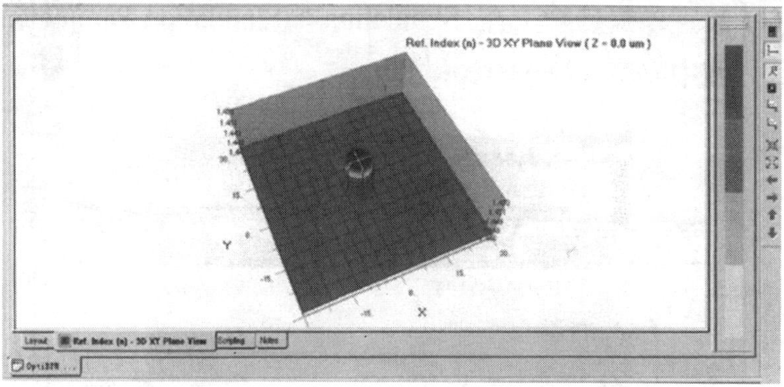

图 7－8　Refractive Index Distribution

点选 Plane View  观看 2D 的折射率效果（x 或者 y）。
右键点选图片。
选择 Show Slice Selector，如图 7－9 所示。

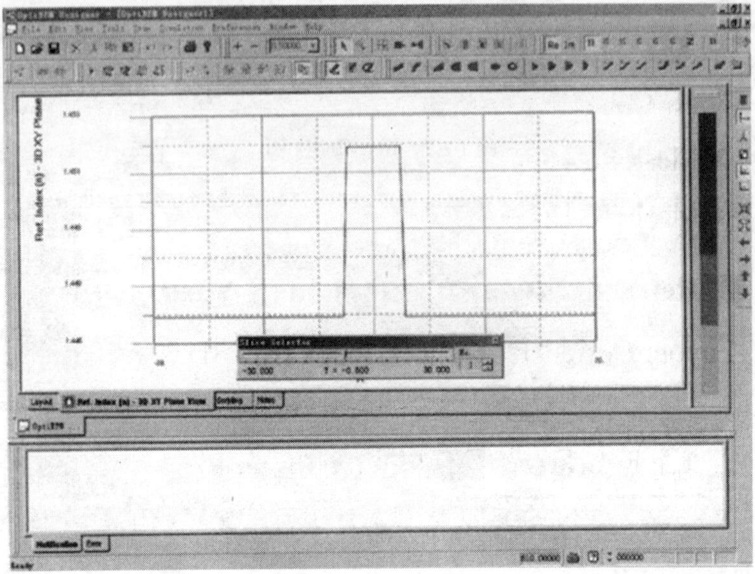

图 7 – 9　Show Slice Selector

5. 计算模式。

（1）在 Layout Designer 中选择 Simulation > Simulation Parameters（如图 7 – 10），出现 Simulation Parameters 对话框。

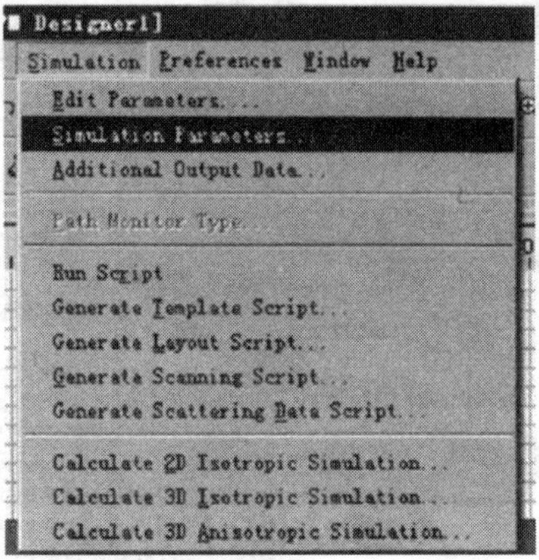

图 7－10　Simulation Parameters

（2）在 Global Tab 中输入下面参数。

Starting Field：Modal

Wavelength：1.30

Reference Index：Modal

（3）点选 3D 出现 Input Plane 对话框。

（4）点选 Edit 出现 Input Field 对话框。

（5）点选 All 然后点选 Mode 出现 Calculate Mode 对话框。

（6）点选 Calculate Mode 出现 ADI Method 对话框输入下列参数：

Solver：Real

Mode：Scalar

（7）在 settingtab 中输入下列参数：

Boundary Condition：Neumann

StartingField：Gaussian

（8）点选 Calculate Mode 进行模拟，如图 7－11 所示。

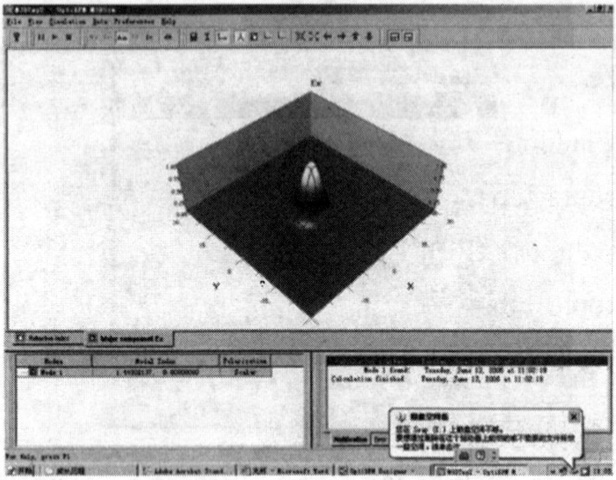

图 7－11　Calculate Mode

（三）设计 Graded－Index Triangular Core Fiber

本例是一个渐变式光纤的设计，本例的设计是基于熟悉前面光纤设计的基础上。

1. 定义材料：

Name：Cladding

2D Isotropic Tab

Refractive Index（Re）：1.444

3DIsotropicTab

Refractive Index（Re）：1.444

2. 设定函数表示纤芯的折射率变化。在 Profiles Designer 中选择 Tool > Edit Variables and Functions 定义变量输入下面参数：

Name：n－core

Expression：1.48

定义函数——在 User Function Tab 中输入：

Name：Delta（n_ core，n_ c1）

Expression：（n_ core * n_ core - n_ cl * n cl）/2/（n_ core * n_ core）

3. 定义波导。在 Profile > User Function Profile > New，输入下列参数：

Profile Name：Graded Flber

Function Specification：fgr（x，y）

Function Body：

n_ core * sqrt（1 - 2 * Delta（n_ core，n_ cl）*（pow（（r（x，y）/radius），1）））

Use limits：$x*x+(y-y_0)*(y-y_0)<radius*radius$

Argument：x

Association：_ dx

Argument：y

Association：_ y

如此一个折射率随着函数而变化的 Core 就定义完成了。

4. 完善初始化属性，输入下列参数：

Wafer Dimensions Tab

length（μm）：100

Width（μm）：30

2D Wafer Properties Tab

Material：Cladding

3D Wafer Properties Tab

Cladding

Material：Cl adding

Thickness：0. 1

Substrate

Material：Cladding

Thickness：30

5. 绘制 Layout。在 Layout 界面输入下列参数：

Start Offset：

Horizontal：0

Vertical：0

End Offset：

Horizontal：100

Vertical：0

Width：6.0

Profile：Graded Fibre

6. 设置类比属性。在 Simulation Parameters 对话框中输入：

Number off Points in Mesh

Number of Points/m

X：10

Y：10

View Cut

X Mesh Pt：151

Y Mesh Pt：151

7. 观看 Refractive Index Distribution，如图 7－12 所示。

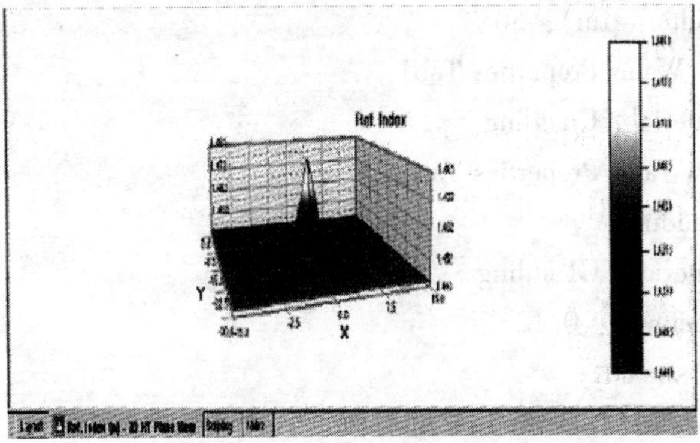

图 7－12　Refractive Index Distribution

8. 观看折射率效果图，如图 7－13 所示。

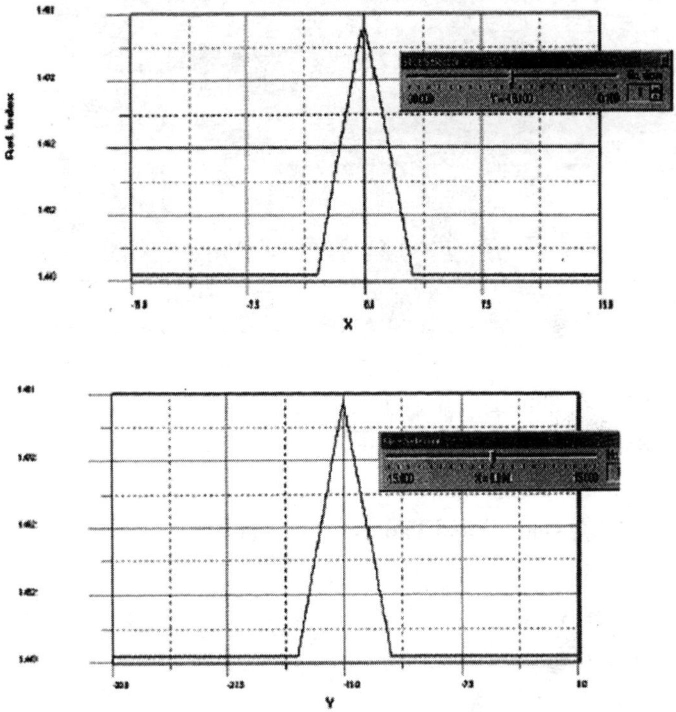

图 7－13　折射率效果图

9. 计算模式——创立一个输入波面，如图 7－14 所示。

(1) 在 ADI 对话框中输入：

Solver：Real

Mode：Semi－Vector TE

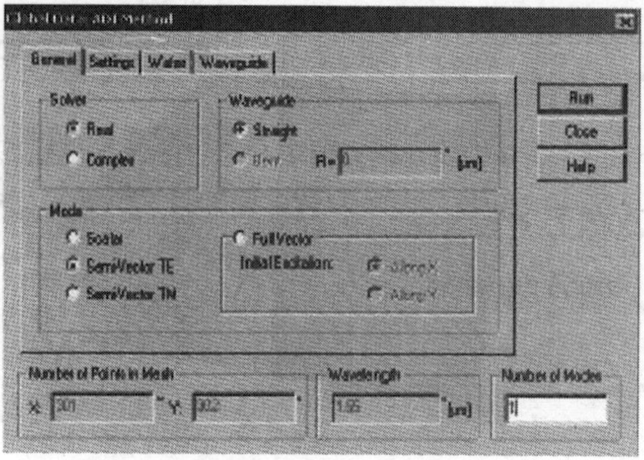

图 7－14　ADI 对话框

（2）在 Setting Tab 中输入：

Boundary Condition：Neumann

Starting Field：Gaussian

（3）在 Gauss Field Parameters 对话框中输入（如图 7－15 所示）：

Center X：0

Center Y：－15

Half width X：3

Half width Y：3

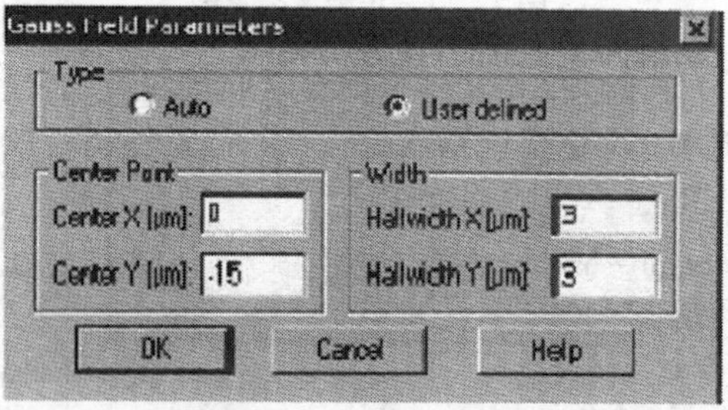

图 7－15　Setting Tab

（4）点 OK 然后再点 Calculate Mode，效果如图 7－16 所示。

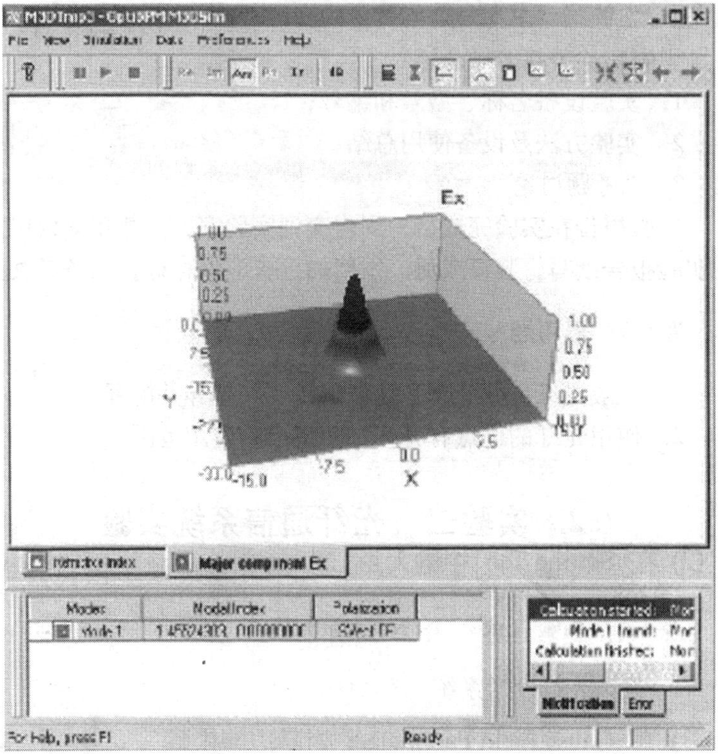

图 7－16　Calculate Mode

7.1.8　实验报告要求

实验前应认真阅读实验指示书，明确实验目的，了解实验原理、内容，掌握实验步骤及注意事项，并写出预习报告，内容包括：

1. 实验目的；
2. 实验设备、设备原理方框图；

3. 实验记录表格及测试步骤；

4. 实验指示书上规定的其他内容。

做完实验，接着做总结：

1. 实验设备名称、型号和编号；

2. 实验方法及设备使用总结；

3. 思考题讨论。

实验报告在实验完成后一周内交到实验室，一律用学校规定的实验报告纸写，装订成册。发回的报告应保存好，以备考查。

7.1.9 思考题

1. 一般光纤可分为哪几种，请说明其差异并解释。

2. 使用光纤的优点有哪些？并指出其应用范围。

7.2 实验二 光纤通信系统实验

7.2.1 实验内容

1. 设计光纤发送系统。

2. 设计光纤接收系统。

7.2.2 实验目的和要求

1. 了解光纤通信系统中的发送与接收系统。

2. 通过仿真了解传送系统与接收系统的参数设定。

7.2.3 预习要求

1. 学习光纤通信系统的组成。

2. 预习眼图的含义和观察方法。

7.2.4 实验设备

仿真软件OptiBPM，OptiFDTD，OptiSystem。

7.2.5 设备使用说明

1. 使用设备之前必须了解其性能、操作方法及其注意事项，在使用时应严格遵守。

2. 实验时要认真按照老师的要求进行，未经指导老师许可不得擅自拆卸设备组件。

3. 爱护设备，轻拿轻放，切勿摔碰，使用完毕后迅速归还。

4. 不得用计算机做实验之外的事情，正确下载安装所用软件。

7.2.6 实验原理

光纤通信系统是由发射机、光纤以及接收机构成。下面主要介绍光发射机及光接收机两部分，使读者了解简易的光纤通信系统的设计。

1. 发射机。信号的类型分为模拟信号以及数字信号，在光纤通信之中，光纤可以传输模拟信号或数字信号，或是混合的信号。在这里我们所说的信号为“电”的信号，如何把电信号以光信号的形式来传递呢？此时我们要做一个动作，叫做调制（MODULATION），将电的信号以光的形式来传波。光纤通信的调制方式主要分为两种：直接调制（DIRECT MODULATION）以及外调制（EXTERNAL MODULATION）。

直接调制如图7－17所示，我们将电信号直接加在激光的驱动电流上，如此一来，激光的输出光强度自然会随着所加的电信号大小而变化。使用直接调制的优点是价钱低，但是其缺点是无法调制高速的信号，且使用时需要操作在激光的线性区，故需要温度补偿以抵补温度变化所产生的线性区飘移。

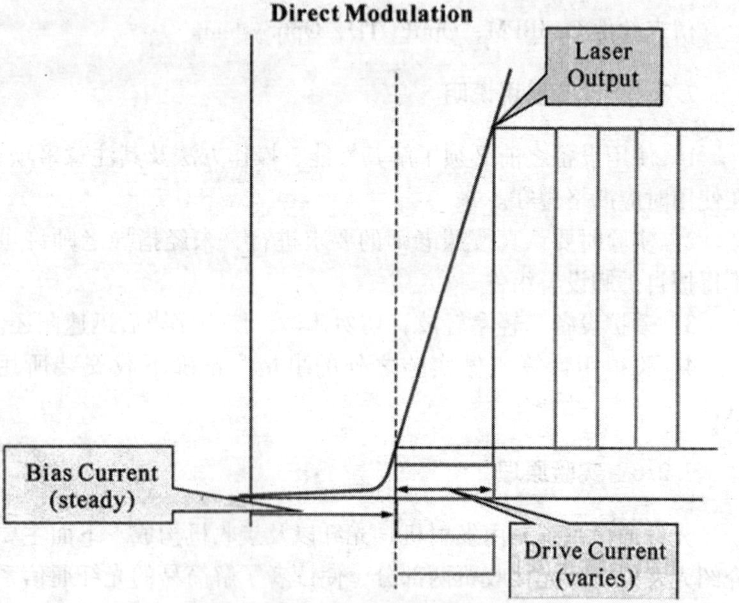

图 7-17　直接调制

图 7-18 为一种外调制的方式，激光输出的功率为一个连续波（CONTINUOUS WAVE，简称为 CW），先经过一个光分波器（SPLITTER），上臂会经过一个锂酸铌（LITHIUM NIOBATE）元件，在锂酸铌元件上加上想调制的电信号，会对锂酸铌产生折射率的变化，而产生所谓的相位差，如此一来，在光合波器（COMBINER）时会产生建设性干涉或是破坏性干涉，输出的光就会夹带上要传送的电信号，达成调制的目的。

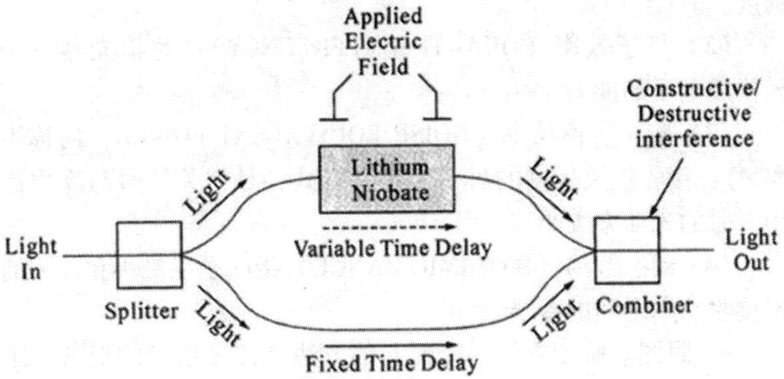

图 7－18　外调制

2. 接收机。光接收机是一个光转电的过程，与光发射机正好相反。图 7－19 为接收机的示意图。图中的检光器目前主流有 PIN 以及雪崩二极管（AVALANCHE PHOTO DIODE，简称为 APD）两种类型，此两种检光器的差别在于 PIN 检光器本身不具有信号放大的机制，但是雪崩二极管因本身结构上的设计而使得其本身有信号放大的机制。

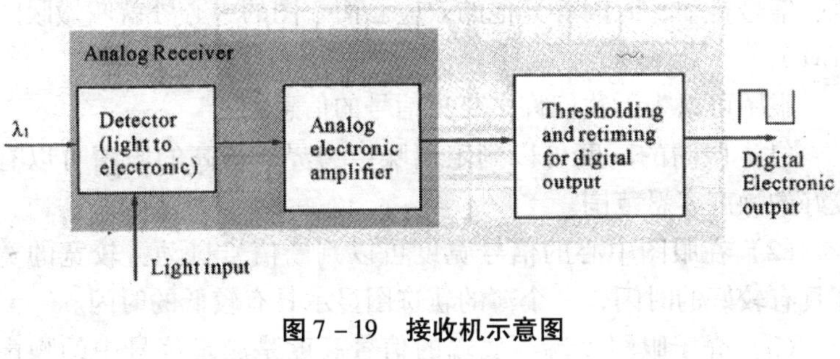

图 7－19　接收机示意图

检光器有如下几个重要的技术指标：

（1）灵敏度（RESPONSIVETY）：此检光器能接收最小的光

强度。

（2）量子效率（QUANTUM EFFICIENCY）：此检光器光子转换成电子的能力。

（3）噪声等值功率（NOISE EQUIVALENT POWER，简称为NEP）：接收机灵敏度的另一个定义方式，是有关信号与噪声比为1时的光功率大小。

（4）动态范围（DYNAMIC RANGE）指的是在最小和最大的可接收功率之间的差异。

3. 眼图。眼图提供一个便利的方法来评定信号的形状，眼图（EYE PATTERN）是由一长串的随机信号码元组成，该码元信号被叠加在示波器中的另一信号上，如图7-20所示。码元串包含了由高到低、由低到高的电平转换，你可以同时在左右两旁看到上升和下降的边缘。眼图同时显示出数千个码元，通过检视眼图，你可以观察到很多有关于信号品质的信息藏在眼图中：在一个完美的系统中，你将会只看到一系列的信号线，因为完美的意思是指每个码元波形与被送过来之前的波形非常完美地吻合，但因传输介质并不是一个完全的介质，所以，眼图将会表示出噪声、信号抖动、时闪等其他的效应。而在图的中心处就叫做眼睛（Eye）。

眼图可以告诉我们许多有关信号的信息：

（1）眼睛的高度可以判定出噪声边界：较高的眼睛可以有较好的噪声容忍范围。

（2）在眼图中心的信号宽度可以判断信号抖动：较宽的宽度具有较好的时闪，一个薄的轨迹图显示具有较低的时闪。

（3）介于眼图顶端与底端的信号高度是测量信号中的噪声状况：越薄越好。越薄代表受到噪声影响越少。

（4）眼图的上升和下降端表现出一个信号上升和下降时间：通常会将一个遮罩加在眼图的中心，而遮罩表示一特定应用的限制，如上升时间、下降时间、脉冲周期与噪声的程度。只要脉冲是在遮罩的外面，就可满足规格需求。眼图可以提供有关于信号品质的详细信息，因此它们经常被应用在规格中。某些应用处理每个个别的规格，它们可以在眼图中与由对眼图所建立的模型中看到：这包含了上升时间、下降时间、各种抖动种类等。

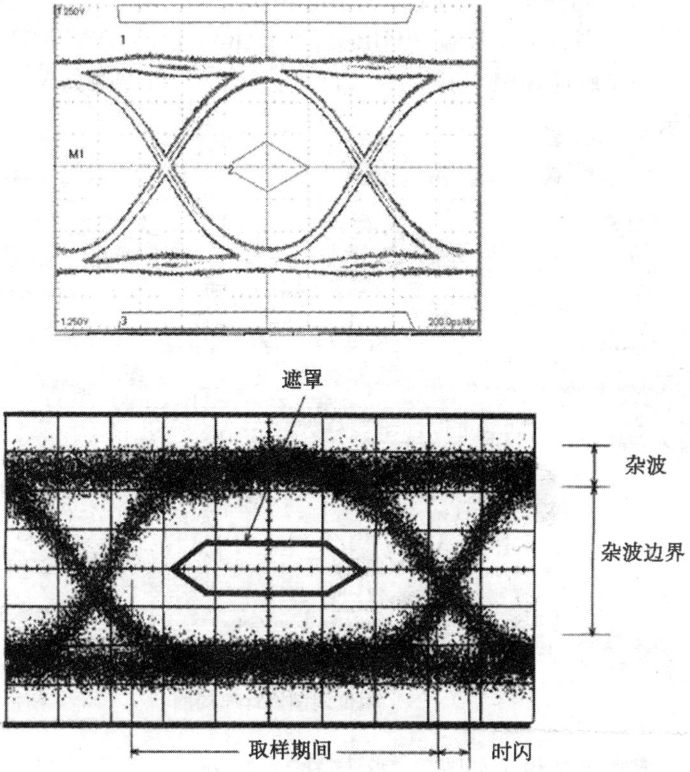

图 7－20　眼图

7.2.7 实验方法与步骤

所用软件为 OptiSystem。对自相位调制（SELF - PHASE MODULATION：SPM）在脉冲传播上的模型进行模拟和验证。主要包括两个方面：

（1）脉冲啁啾（PULSE CHIRPING）。

（2）脉冲光谱展宽（PULSE SPECTRAL BROADENING）。

为了验证 SPM 效应，我们可以设计以下布局图如图 7 - 21 所示。

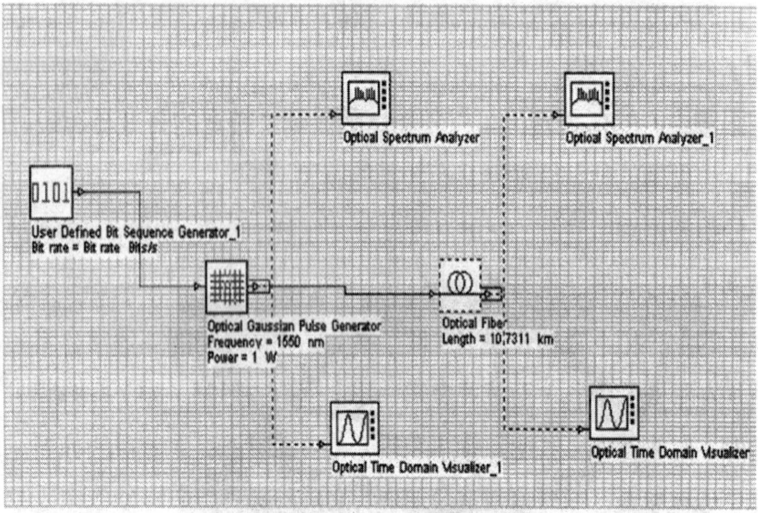

图 7 - 21　相位调制设计布局图

其中参数设定如图 7 - 22 与图 7 - 23 所示。

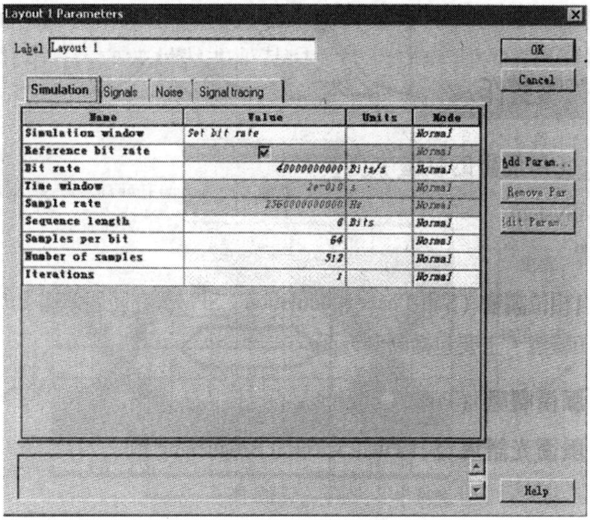

图 7－22　全局参数设定

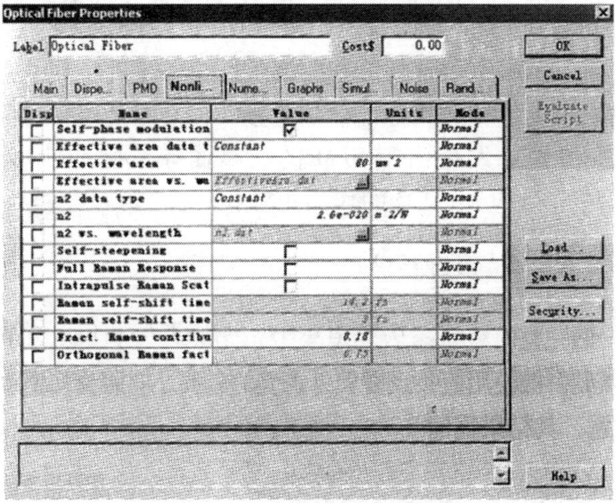

图 7－23　光纤参数设定

在非线性光纤的参数设定中，我们只针对自相位调制效应进行拐测分析，所以我们可以关掉其他非线性效应。

当脉冲的峰值功率为10mW，光纤长度设为10km时，得到的结果如图7-24所示：

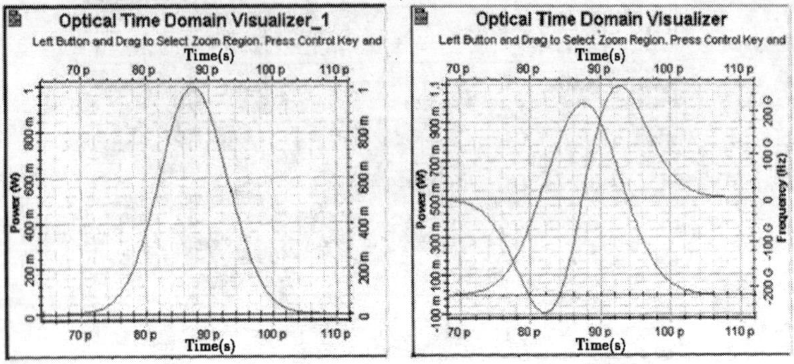

图a　　图b

图7-24　经过10.73km的光纤前（图a）后（图b）的脉冲波形和啁啾

从图7-24中可看到脉冲的波形保持不变，但由于自相位调制效应，产生了啁啾。脉冲前端前移，而后端后移。如果存在反常色散，则可能发生由于SPM的啁啾而导致脉冲波形会变窄，这说明SPM效应和GVD的作用正好相反。

7.2.8　实验报告要求

实验前应认真阅读实验指示书，明确实验目的，了解实验原理、内容，掌握实验步骤及注意事项，并写出预习报告，内容包括：

1. 实验目的。
2. 实验设备、设备原理方框图。
3. 实验记录表格及测试步骤。
4. 实验指示书上规定的其他内容。

5. 实验设备名称、型号和编号。

6. 实验方法及设备使用总结。

7. 思考题讨论。

实验报告在实验完成后一周内交到实验室，一律用学校规定的实验报告纸写，发回的报告应保存好，以备考查。

7.2.9　思考题

1. 模拟出一个完整的光纤通信系统，以 2.5 Gbps 速率传送，比较发射机使用直接调制与外调制的差异？

2. 若将速率提高至 10Gbps 传递，其结果是什么？

7.3　实验三　程控交换原理实验

7.3.1　实验内容

在数字程控交换机系统平台进行以下内容操作：

1. 进行现场安装、调试并配置。

2. 实现局内电话用户的通信。

3. 实现局间电话用户的通信。

7.3.2　实验目的和要求

1. 了解程控交换平台的功能。

2. 熟悉管理软件操作。

3. 掌握实现局内、局间电话终端通信的原理和实践操作。

7.3.3　预习要求

1. 预习程控交换平台的功能和结构。

2. 了解相关软件知识。

3．复习程控交换原理。

7.3.4 实验设备

1．3U 数字程控交换机系统平台。
2．有线电话及其连接设备。
3．安装程控交换机管理软件 PC－2000GL。

7.3.5 仪器使用说明

1．使用实验仪器之前必须了解仪器功能。
2．认真按照实验步骤进行上机操作。
3．操作结束必须进行复位设置。

7.3.6 实验原理

图 7－25 是程控交换的原理方框图，其各部分的作用如下所述：

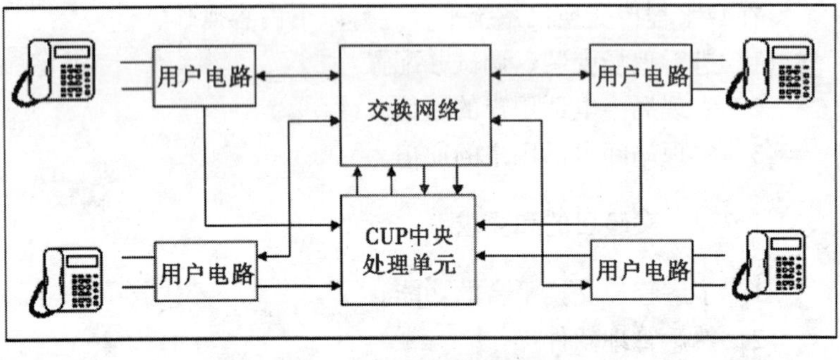

图 7－25 程控交换原理图

1．用户线接口电路：主要完成 BORSCHT 七种功能。
2．交换网络：主要完成空分交换与时分交换两大功能。
3．多种信号音电路：主要完成各种信号音的产生与发送。

4. CPU 中央集中控制处理器电路：主要完成对系统电路的各种控制，包括：信号检测、号码识别、键盘输入信息、输出显示信息等各种功能。

5. 系统工作电源：为系统各个模块提供所需要的电源，本系统中有 +5 V、-5 V、+12 V、-12 V、-48 V 五组电源。此外，系统中还有中继、外线、增值服务等多个模块，它们和以上模块配合共同完成程控交换的基本功能。

7.3.7 实验方法与步骤

（一）局内通信设置实验

1. 软件安装。

（1）安装程控交换机管理软件 PC-2000GL。

（2）安装完成后，点击“开始”按钮，打开程序 PC-2000GL。正常联机后将出现校验提示框，根据情况选择校验项，按回车确定，进度条会一格格填满。校验完毕后，显示主菜单，则说明电脑连机正常，可进行下一步操作如图 7-26 所示。

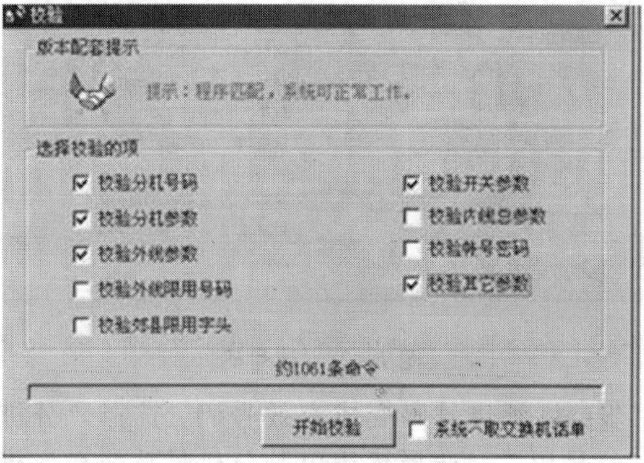

图 7-26 校验提示框

2. 参数配置。

第一步：设置交换机门数及建立号码。

（1）打开 PC－2000GL，设置交换机门数。选择“系统”—“交换机门数”—“修改数值”—单击“OK”，如图 7－27 所示：

图 7－27　交换机门数

（2）添加号码。选择“参数设置”—“分机开关”—“建号码”—“确定”，如图 7－28 所示。

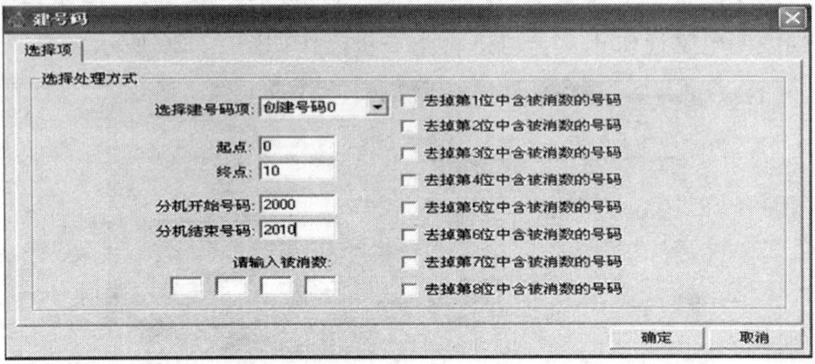

图 7－28　建号码

第二步：将所建号码变成有效号码。选择“分机开关参数”—“批号码”—选择“用电脑分机号替换交换机的分机号”，将“起点”和“终点”分别设置成“0”和“10”，点击

“确定”，如图 7 - 29 所示。

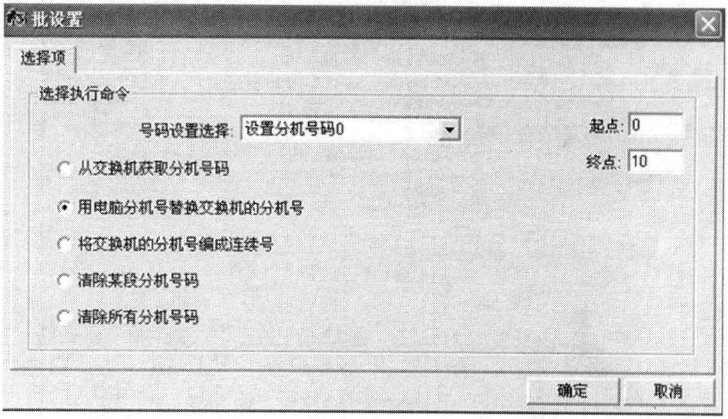

图 7 - 29　替换交换机的分机号

第三步：设置汇接局并将其连接到交换机。

（1）选择“参数设置”—“外线开关 B”—“批设置”—选中“将交换机的所有参数统一化”— 选择“等位 2 局”为“开”，点击“确定”，如图 7 - 30 所示。

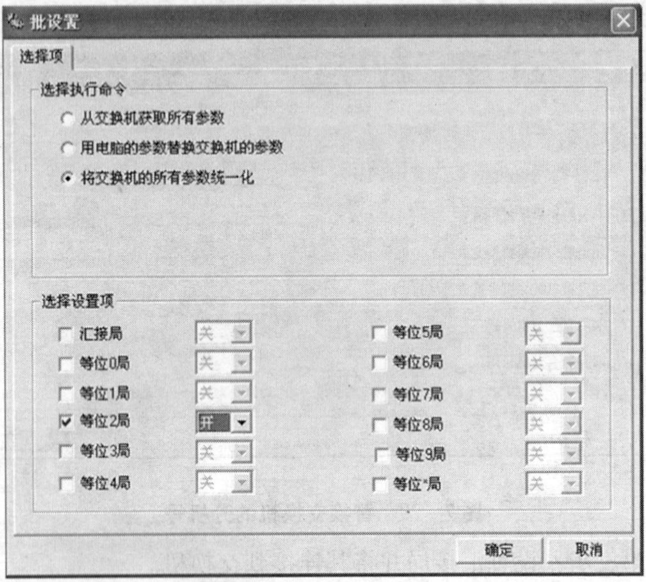

图 7－30　批设置

（2）选择“参数设置”—“外线开关 B”—“批设置”—选中“用电脑的参数替换交换机的参数”—选择“等位 2 局”；分别设置“起点”及“终点”为“0”和“10”，点击“确定”，如图 7－31 所示。

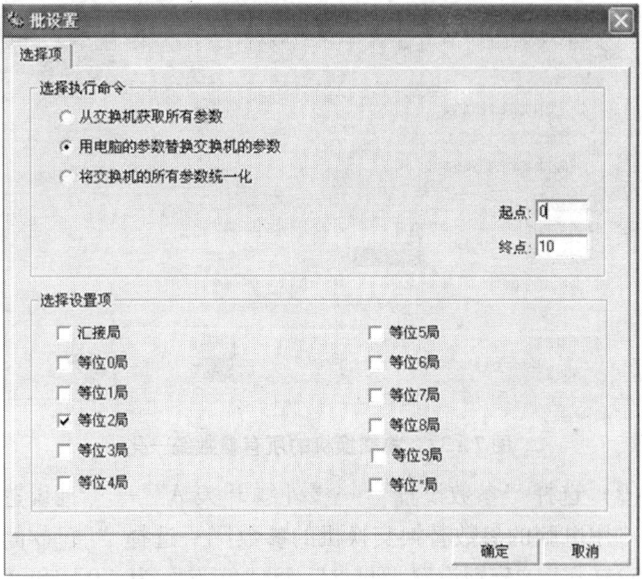

图 7－31　替换交换机的参数

第四步：设置直接局并将其连接到交换机。

(1) 选择“参数设置”—“外线开关 A”—“批设置”—选中“将交换机的所有参数统一化”—选择“直局/间局”为“直局”、“直拨/转接”为“直拨”，点击“确定”，如图 7－32 所示。

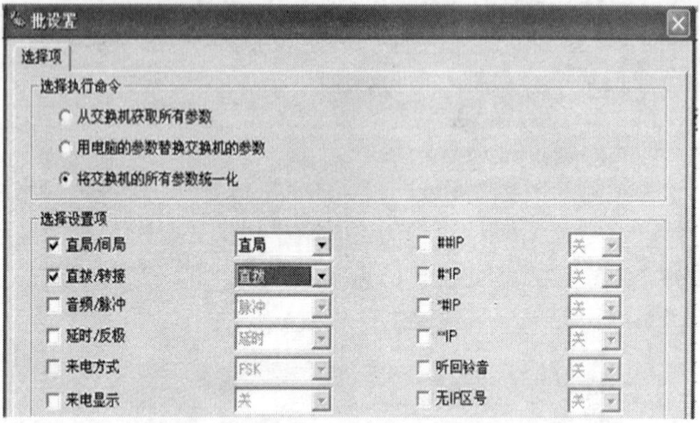

图 7－32　将交换机的所有参数统一化

（2）选择“参数设置”—“外线开关 A”—“批设置”—选中“用电脑的参数替换交换机的参数”—选择“直局/间局”、“直拨/转接”，分别设置“起点”及“终点”为“0”和“10”，点击“确定”，如图 7－33 所示。

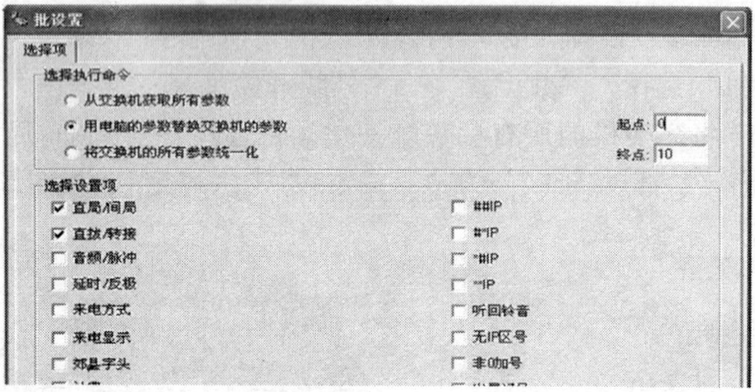

图 7－33　批设置

3. 实验检验。

第一步：号码检验。

（1）随即取两台电话，然后各自摘机，拨打“#72”查出自己号码。

（2）若查询的电话号码与设置的号码不同，则记录号码并在软件上重新设置直到查询正确为止。

（3）互相拨打对方电话号码，校验是否可以通话。

（4）完成通信后记录设置与操作过程。

第二步：变更号码并实现通话。

（1）选择“分机开关”—在分机栏下选择要修改的号码，键入要修改的号码，如将2008变更为2054，在原2008处输入2054并单击回车键完成，如图7-34所示。

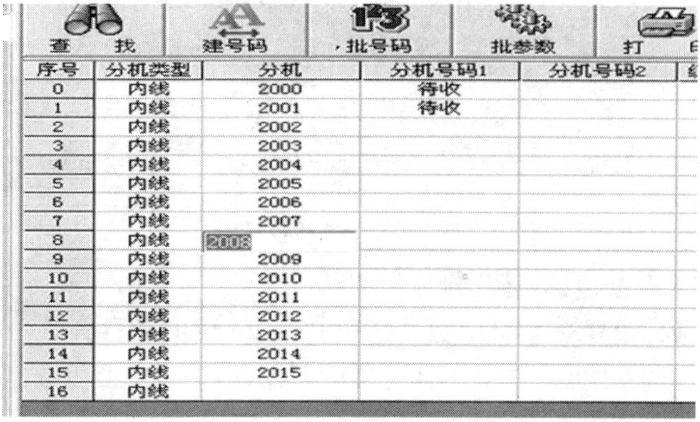

序号	分机类型	分机	分机号码1	分机号码2
0	内线	2000	待收	
1	内线	2001	待收	
2	内线	2002		
3	内线	2003		
4	内线	2004		
5	内线	2005		
6	内线	2006		
7	内线	2007		
8	内线	2008		
9	内线	2009		
10	内线	2010		
11	内线	2011		
12	内线	2012		
13	内线	2013		
14	内线	2014		
15	内线	2015		
16	内线			

图7-34　分机开关

（2）用原2008号码的分机拨打“#72”检测分机号码，查询是否正确。

（3）用2054号码的分机呼叫其他分机，完成通信后记录操作过程。

（二）局内通信设置实验

1. 安装程控交换机管理软件PC-2000GL，安装完成后，点击“开始”按钮，打开程序 PC－2000GL。正常联机后将出现校验提示框（见图 7－35），根据情况选择校验项，按回车确定，进度条会一格格填满。校验完毕后，显示主菜单，则说明电脑连机正常，可进行下一步操作。

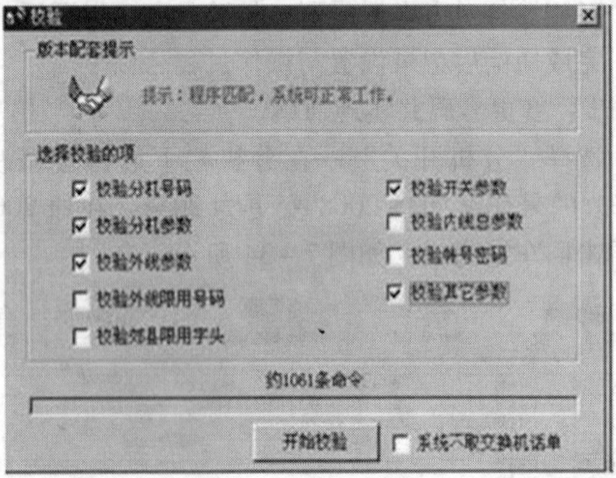

图 7－35　联机校验

2. 分配电话号码。

（1）设置交换机门数。打开 PC－2000GL 软件，双击“菜单”→“系统”→“交换机门数”，设置 32 门交换机数，点击“确定”，如图 7－36 所示。

图 7－36　交换机门数

（2）给每个线路分配号码。双击“参数设置”→“分机开关”→建号码，如图 7－37 所示。

图 7－37　建号码

单击“确定”，选定选项，可以进行如下设置，如图 7－38 所示。

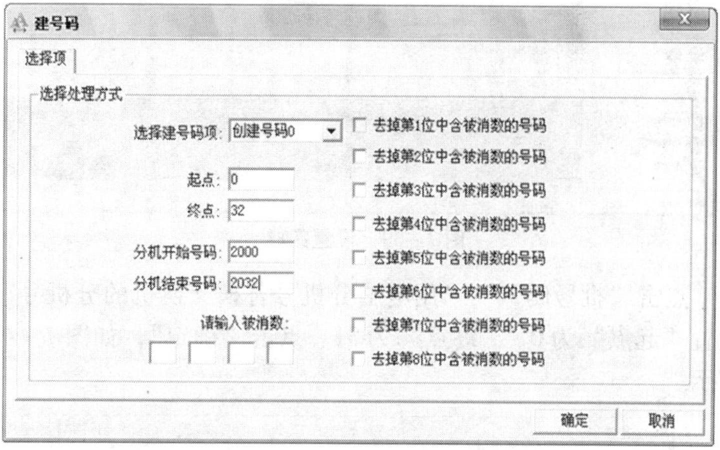

图 7－38　号码设置

单击“确定”，出现如下界面，如图 7－39 所示。

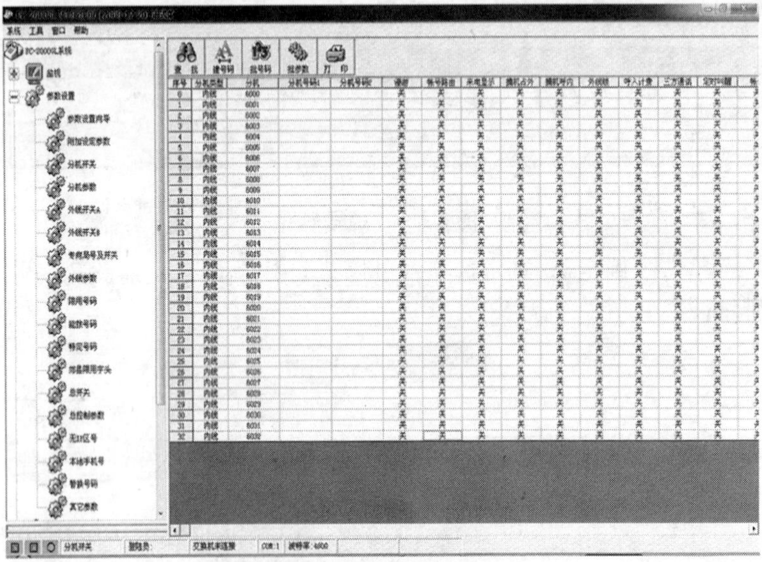

图 7 - 39　设置完成

点击“批号码”→“用电脑分机号替换交换机的分机号”，设置“起点”为0、“终点”为31。点击“确定”，如图 7 - 40 所示。

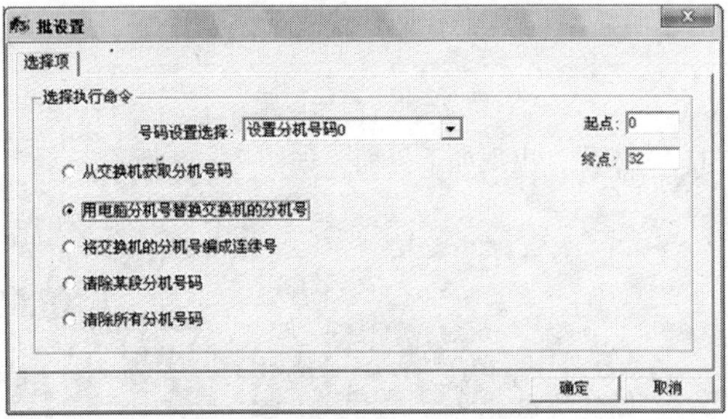

图 7 - 40　替换交换机的分机号

3. 参数设置。

(1) 外线开关 A 参数设置。在“参数设置”→“外线开关 A”→“批参数”→“将交换机的所有参数统一化”，选中“直局/间局”为“直局”、“直拨/转接”为“直拨”、“来电显示”为“开”、“外线”为“开”，点击“确定”，如图 7-41 所示。

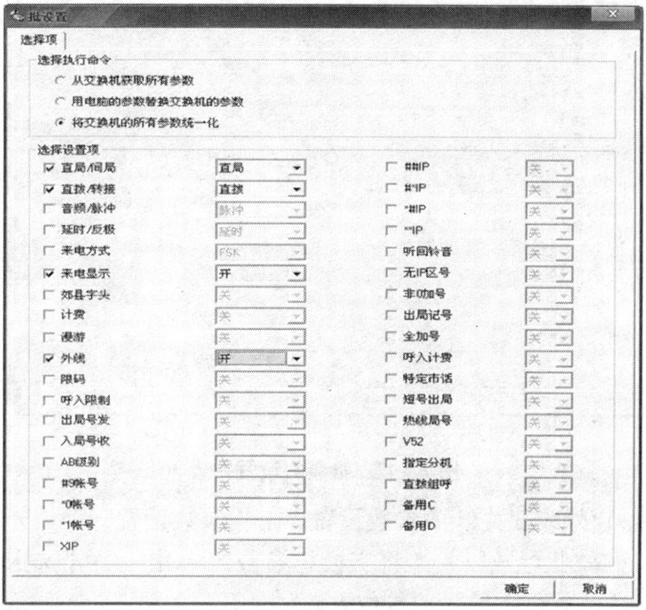

图 7-41　批参数设置

再选中“用电脑参数替换交换机的参数”，设置“起点”为 0、“终点”为 31，单击“确定”，如图 7-42 所示。

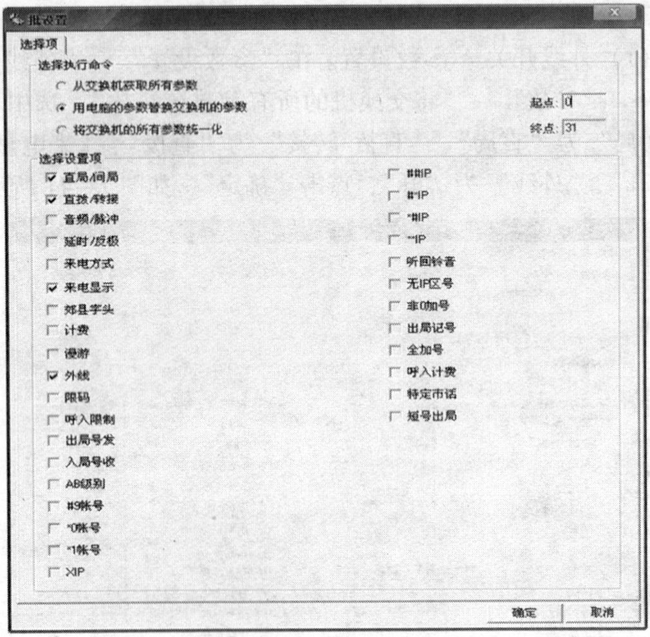

图 7-42　批参数设置完成

(2) 外线开关 B 的参数设置。在“参数设置”→“外线开关 B”→“批参数”→“将交换机参数统一化”→“选定设置项”，选“等位 2 局”、“等位 6 局”为开，如图 7-43 所示。

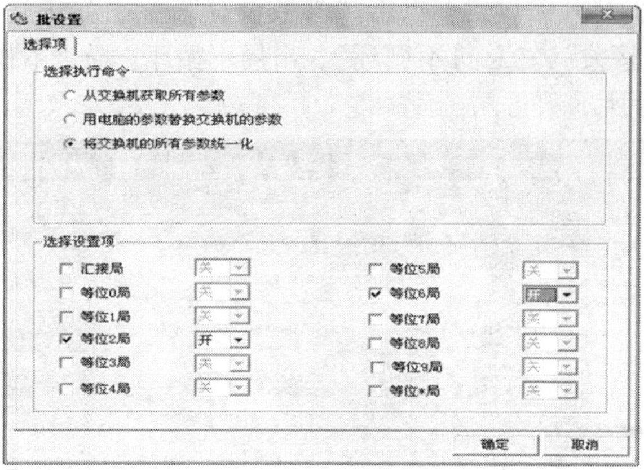

图 7-43　统一交换机参数

设好后，再点击“用电脑替换交换机的参数”，设置“起点”为0、“终点”为32，单击“确定”，如图7-44所示。

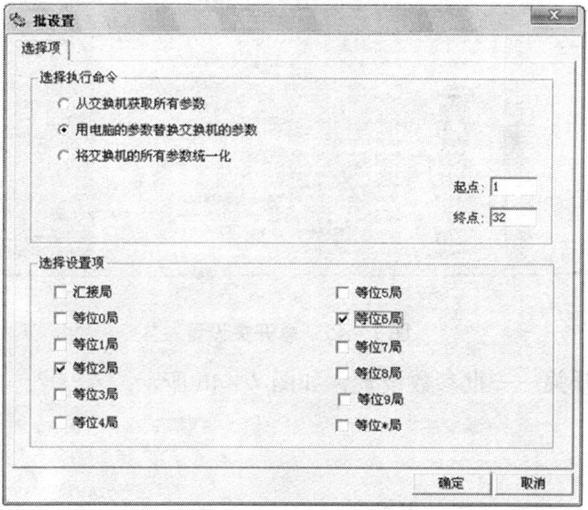

图 7-44　替换交换机的参数

(3) 总开关设置。点击“参数设置”→“总开关”，设置“外线汇接关”、“总机不循环”、出局不循环、局号不作用，如图 7－45 所示。

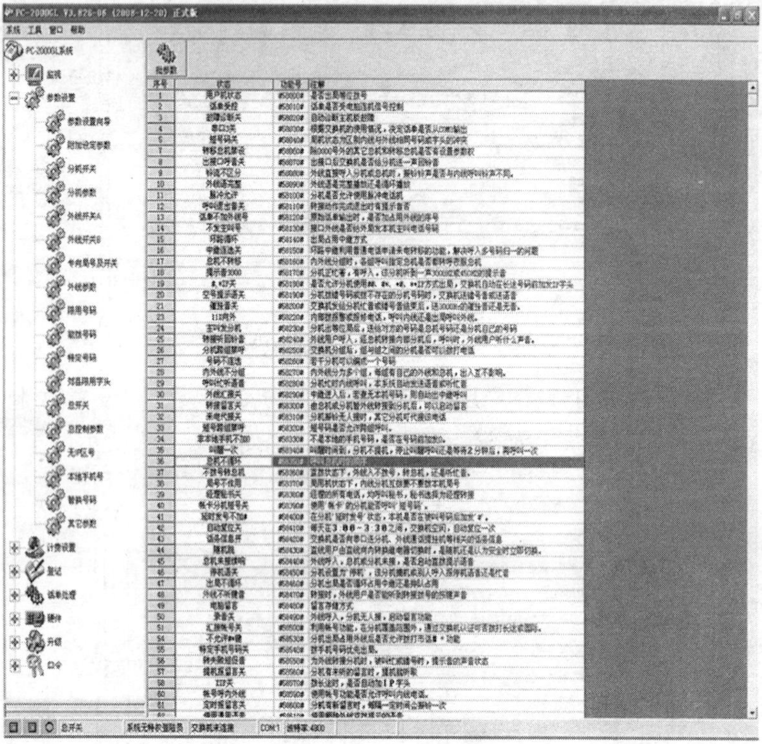

图 7－45　总开关设置

总开关——批参数设置，如图 7－46 所示。

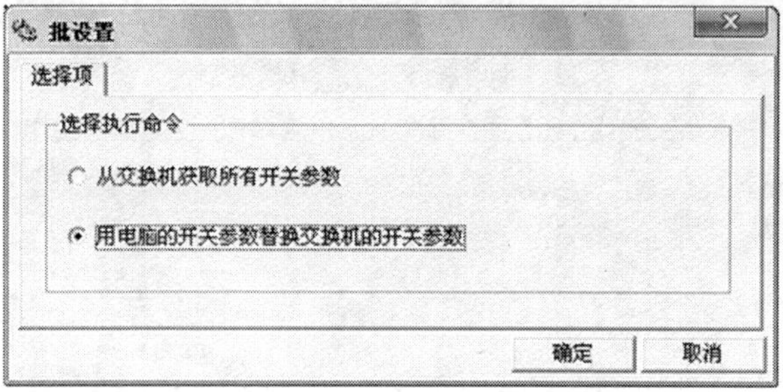

图 7－46 总开关批参数设置

4. 实验验证。

(1) 在电话机上验证电话号码：分别在两台已设置的电话机上拨打“#72”，接听提示音，确定本机号码并记录。

(2) 在已知本机号码的前提下，在两台中，用其中的一台（如 22 号）电话机拨打另一台（如 23 号）。

(3) 确认是否接通，若线路不通，则进行诊断，并排除故障。

(4) 修改电话号码：指定一台需要修改的电话机，并将其电话号码更改。

(5) 修改后，在该台电话机上拨打“#72”，接听提示音，得到该机的电话号码（如该机电话号码为“2023”）。

(6) 在交换机的控制 PC 上，打开 PC－2000GL 软件，双击“参数设置”→“分机开关”，找到需要修改的电话号码（如“2011”），如图 7－47 所示。

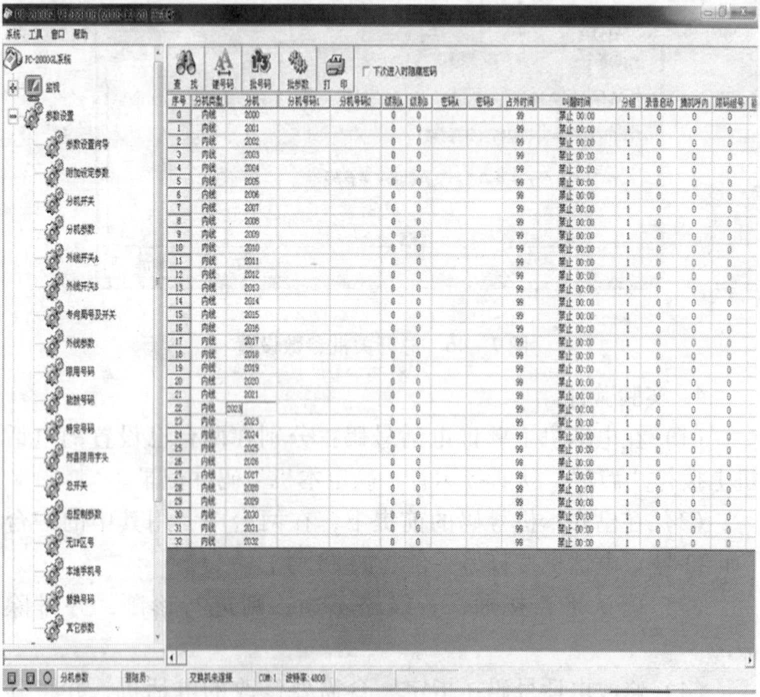

图 7－47　修改电话号码

（7）将 2011 改为所要的电话号码（如“2023”）：将“2011”选中，修改为“2023”，按回车键完成。

（8）验证修改的电话号码。在局内其他的任意一台分机拨打修改的号码（如“2023”），查看指定的那台分机是否有振铃响应。

（9）若指定的那台分机能振铃，则修改电话号码成功。否则，重新查找原因，排除故障。

5. 实现四号程控交换机的开通。开通操作参照三号程控交换机的开通，并将分机号码设置为 6000－6031。验证操作同一号程控交换机分机的验证。

6. 中继开通，线路连接。

（1）第一条物理连线。从交换机3（主机）E1接口的out端，通过中继线连接交换机4（从机）E1接口的的in端。

（2）单通话机验证。由交换机3控制的2023话机向由交换机4控制的6032话机拨号，若6032话机能听到2023的语音，说明第一条物理连线已接好。

（3）第二条物理连线。从交换机4（从机）E1接口的out端，通过中继线连接交换机3（主机）E1接口的in端。

（4）双通话机验证。由交换机4控制的6032话机向交换机3控制的2023话机拨号，如果双方能进行通话，说明已经开通了局间用户通话。

7.3.8　实验报告要求

实验前应认真阅读实验指示书，明确实验目的，了解实验原理、内容，掌握实验步骤及注意事项，并写出预习报告，内容包括：

1. 实验目的。
2. 实验设备、设备原理方框图。
3. 实验记录表格及测试步骤。
4. 实验指示书上规定的其他内容。
5. 实验设备名称、型号和编号。
6. 实验方法及设备使用总结。
7. 思考题讨论。

实验报告在实验完成后一周内交到实验室，一律用学校规定的实验报告纸写，发回的报告应保存好，以备考查。

7.3.9 思考题

1. 本实验运用设备和原理在实践中的运用?
2. 局间通信容量受限于哪些因素?

7.4 实验四 移动通信实验

7.4.1 实验内容

1. GSM/CDMA 参数测试。
2. GSM/CDMA 计算机主叫、被叫。
3. GSM/CDMA 计算机短信收发实验。

7.4.2 实验目的和要求

1. 了解移动通信原理。
2. 掌握移动通信平台的操作。

7.4.3 预习要求

1. 理解 GSM 通信系统的工作原理。
2. 预习 CDMA 系统的工作原理。

7.4.4 实验设备

1. 移动通信实验平台。
2. SIM 卡和 CDMA 卡。
3. 移动通信实验系统软件。

7.4.5 仪器使用说明

1. 使用实验设备之前必须了解设备功能。

2. 认真按照实验步骤进行上机操作。
3. 操作结束必须进行按照正确方法断电关机。

7.4.6 实验原理

（一）移动通信实验平台的系统组成

移动通信实验平台的系统组成方框图见图 7-48，由一个插箱组成，其中又分为 9 个模块。9 个模块的关系如图 7-49 所示。

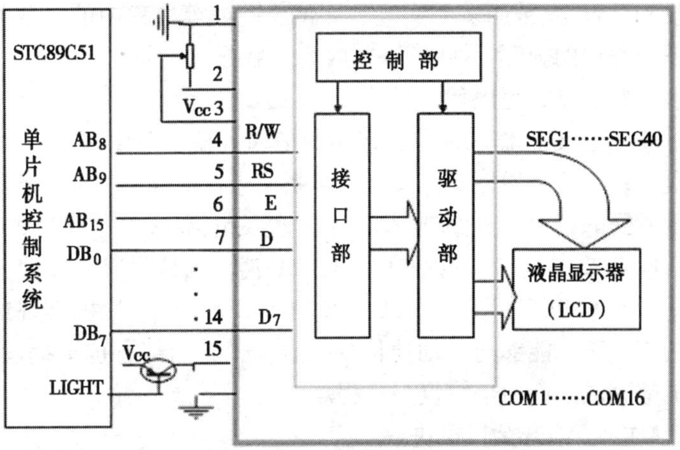

图 7-48 移动显示模块的结构与接口关系图

M401 和 M402：GSM/GPRS 模块，主要完成话音、短信息、数据等信息的信源编/解码、信道编/解码、调制/解调、发射与接收无线信号的功能。

M403 和 M404：CDMA 模块，主要完成话音、短信息、数据等信息的信源编/解码、信道编/解码、扩频与解扩频、调制/解调、发射与接收无线信号的功能。

M405：控制系统模块，通过该模块，一个最精简的移动通信系统可以与移动通信显示模块、移动通信输入模块、语音提示与移动通信接口模块等扩展模块电路板连接起来，扩展成一个多功能的移动通信系统技术实验教学系统。该模块采用了STC89C516RD+，主要用来输出扫描信号到移动通信输入模块电路中，以接收用户状态的输入命令，同时将当前工作状态以汉字或字符方式输出到移动通信显示模块中。它还可以通过移动通信接口模块与PC机进行串行通信，用于下载学生的开发程序。

M406：液晶显示模块，移动通信显示模块完成短信息发送/接收和话音主/被叫多个实验、测试、验证等过程中的一些相关状态和数据的显示，如短信息内容、状态、电话号码、信道名称、计费信息、程序代码号等。

M407：键盘输入模块，移动通信输入模块电路板上有4×6键盘，用于移动通信系统实验教学系统进行实验、测试、验证等过程所需的指令代码的输入。键盘输入包括22个按键：0~9，*，#，→，←，↑，↓，上，下，取消，确认，F1，F2。其中采用了STC89C516RD+（或STC89C54RD+）单片机实现键盘控制与处理，能够与移动通信模块通信，其内部有抗干扰设计，并能够完成一些通信协议与规程。

M408：语音接口模块。

M409：PC接口模块，移动通信接口模块通过RS232接口或USB接口实现实验实训平台与PC相连，完成实验实训平台与PC机之间的接口通信功能，进行实验实训平台的编程调试。传输信令信息、信道类型的识别、电话号码的识别、计时计费的统计等功能均能在PC机上显示或设置。

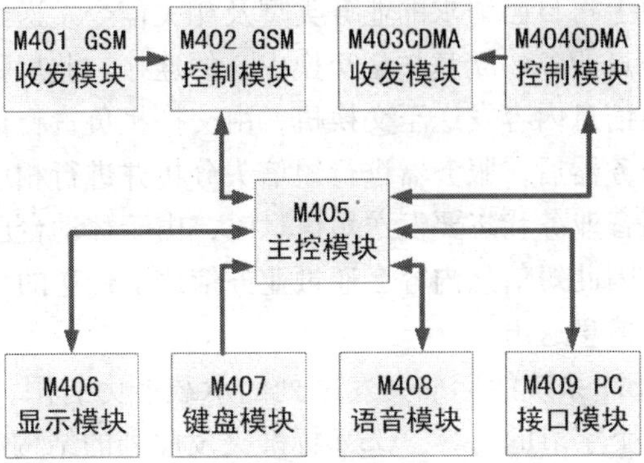

图 7－49　移动平台各模块关系图

（二）GSM 短信息发送原理

1. GSM 短信息发送的基本原理。GSM 系统在发送短信息时，短信息内容是按控制信息传送，在空中接口上的详细发送过程如图 7－50 所示。

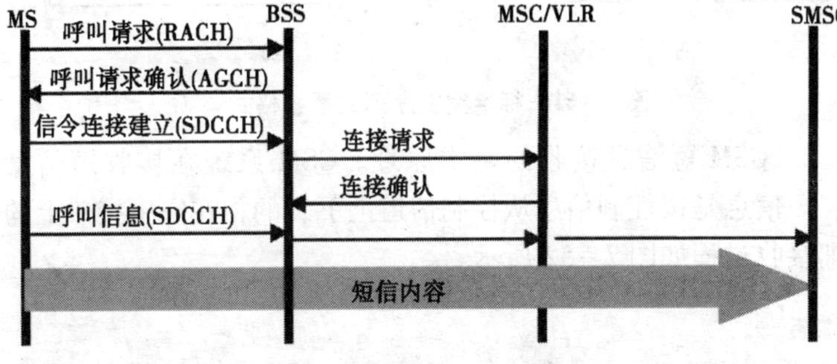

图 7－50　短信息发送流程

当移动台要发送短信息时，它先通过随机接入信道发送自己的接入请求，当基站系统收到此消息后会通过接入允许信道接受移动台的请求并为其分配专用控制信道，移动台会在被分配的专用控制信道上将自己请求的业务类型及相关信令发送给基站，基站根据短信息业务建立基站至交换中心的连接。此后移动台会将要发送的短信息内容发送至交换机，由交换机负责将信息交换至短信中心服务器后，服务器进行短信头分析并进行相应处理。当然用户在话音业务状态要发送短信息时，由于移动台已经占用了业务信道，因此短信息内容会通过业务信道上传送的快速随路控制信息将短信息送出。

由于 GSM 系统的标准突发序列的承载能力有限，因此只能传最大 140 个字节的内容，GSM 标准突发序列的结构如图 7－51 所示。

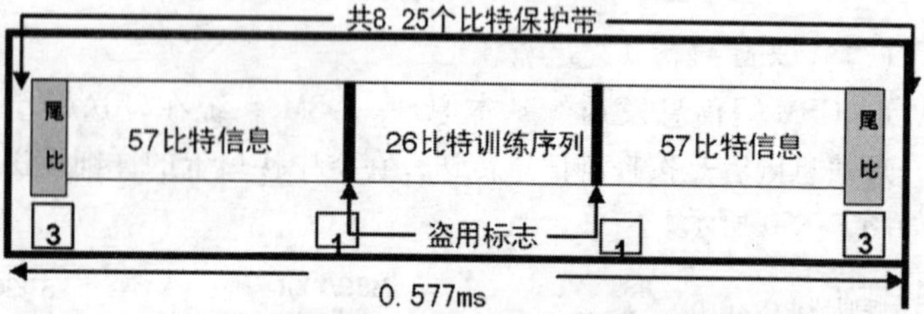

图 7－51　标准突发序列的承载格式

2. GSM 短信息接收的基本原理。GSM 系统在接收短信息时，短信息是按控制信息从控制信道上下发的，在空中接口上的详细接收过程如图 7－52 所示。

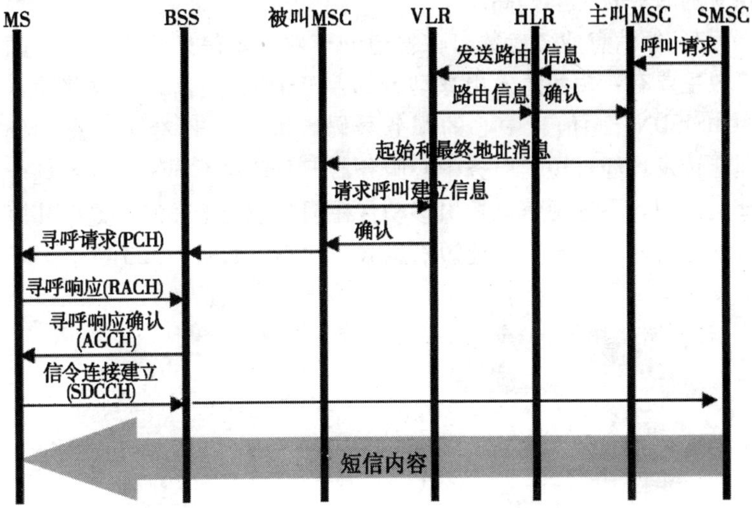

图 7－52　GSM 短信息接收的基本原理

当短信服务中心要给某个移动台发送短信息时，它先与移动台所在的交换机建立链路，然后通过基站系统的寻呼信道在移动台所在的 LAC 区内对移动台进行寻呼，当移动台收到寻呼消息后通过随机接入信道发送自己的寻呼响应，当基站系统收到此消息后会通过接入允许信道为移动台分配专用控制信道，移动台会在被分配的专用控制信道上将自己的相关信令发送给基站。此后短信息服务中心会将要发送的短信息内容发送至交换机，由交换机负责将信息交换至移动台所在基站后，由基站将信息通过空中接口发出。当然如果用户处于话音业务状态要接收短信息时，由于移动台已经占用了业务信道，因此短信息内容会通过业务信道上传送的快速随路控制信息将短信息送出。

下行短信息的长度同样被限定在 140 个字节以内。当短信息长度超过这个限度时，系统会自动将其分为多条短信息发出，但相应的服务费也会提高。

3. 短信息业务参数。在普通的点对点短信息业务中必需的参数主要有：短信息发出移动台的 MSISDN、短信息接收移动台的 MSISDN、短信息中心的服务号码 SCISDN。所有短信息的处理与转发均经过短信服务中心服务器，并针对不同短信内容进行分类处理。不论短信息发出移动台在网络中处于任何位置，其短信息全部要发回至归属地短信息服务中心，如图 7－53 所示。

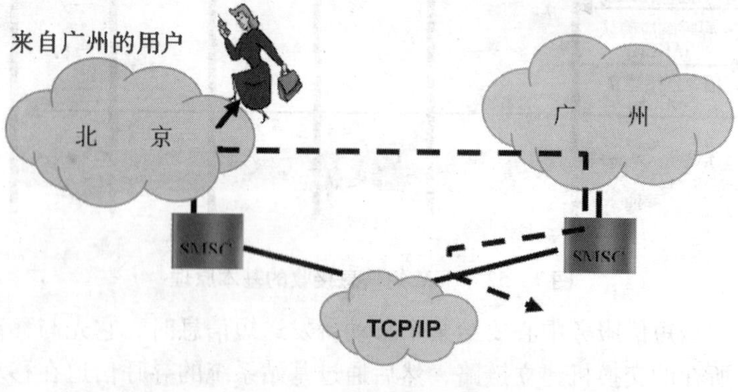

图 7－53　漫游地发送短信息过程

（三）GSM 的编号计划

下面是 GSM 移动通信网中识别客户身份的各种号码的编号计划。

移动用户的 ISDN 号码（MSISDN）：是呼叫数字公用陆地蜂窝移动通信网中某一用户时主叫用户所拨的号码。号码组成如图 7－54 所示。

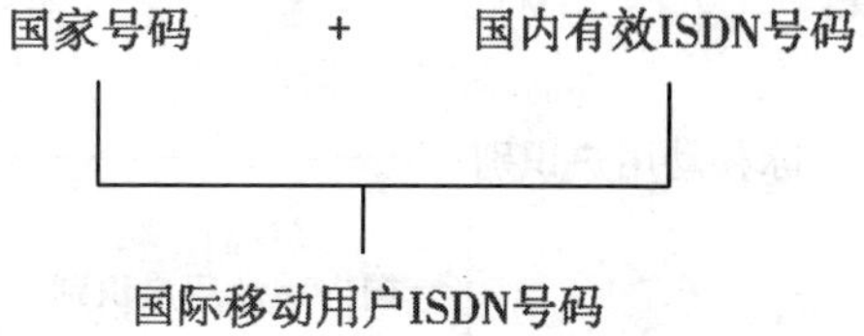

图 7－54　MSISDN 的号码组成

我国的国家号码为 086。

我国国内有效 ISDN 号码的结构如图 7－55 所示。

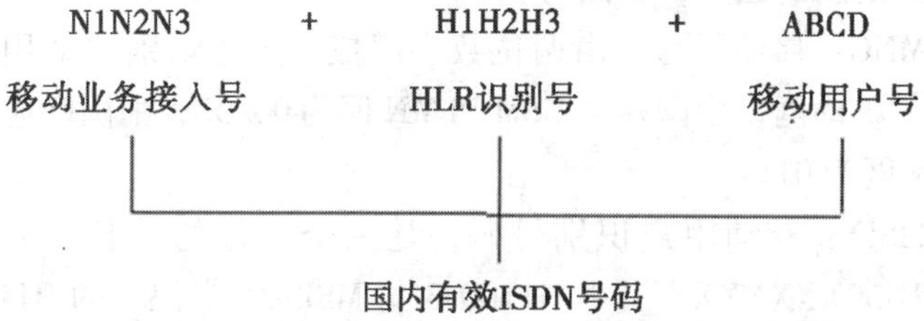

图 7－55　国内有效 ISDN 号码组成

移动业务接入号（N1N2N3）：识别不同的移动系统，目前移动的业务接入号为 134～139、158、159；联通为 GSM 网络为 130～132。

HLR 识别号（H1H2H3）：识别号中 H1H2 由全国统一分配；H3 由各省自行分配。一个 HLR 可包含一个或若干个 H1H2H3 数值。

移动用户号（ABCD）：ABCD 为每个 HLR 中移动用户的号码，由各 HLR 自行分配。

国际移动用户识别码（IMSI）：IMSI 是在 PLMN 网中唯一地识别移动用户的号码，由 15 位数字组成，如图 7－56 所示。

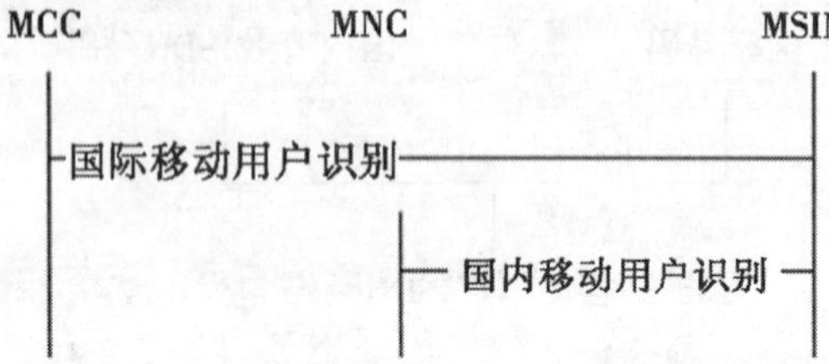

图 7－56　国际移动用户识别码组成

MCC：移动国家号码，由 3 位数字组成，用来唯一地识别移动用户所属的国家，我国为 460。

MNC：移动网号，由两位数字组成，用于识别移动用户所归属的移动网，中国移动 GSM PLMN 网为 00/02，中国联通 GSM PLMN 网为 01。

MSIN：移动用户识别号码，是一个十位的等长号码，为 H1H2H39XXXXXX。其中 H1H2H3 与 MSISDN 号码中的 H1H2H3 相同；9 代表 GSM900MHZ；XXXXXX 为用户号码。

IMSI 用于 GSM 移动通信网所有信令中，存储在 HLR、VLR 和 SIM 卡中。

移动用户漫游号码（MSRN）：MSRN 是在每次呼叫移动用户时，为了使网络再次选择路由，根据 HLR 的请求，由 VLR 临时分配给移动用户的一个号码。该号码在接续完成后即可释放给其他用户使用。它的结构为 1390M1M2M3ABC。M1M2M3 为 MSC 的号码，M1M2 与 MSISDN 号码中的 H1H2 相同。

临时移动用户识别码（TMSI）：TMSI 是为了对 IMSI 保密，由 VLR 临时分配给来访移动用户的识别码，为一个 4 字节的 BCD 码，仅在本地使用，由各 MSC/VLR 自行分配。

位置区识别码（LAI）：LAI 是用来识别位置区的，其号码结构是：MCC + MNC + LAC。其中：MCC 和 MNC 同 IMSI 的

MCC 和 MNC。LAC 为位置区域码，它是唯一地识别我国数字 PLMN 中每个位置区的，是一个 2 字节 16 进制的 BCD 码，表示为 L1L2L3L4（范围 0000 ~ FFFF，可定义 65536 个不同的位置区。）

（四）GSM 的拨号方式

拨号方式是使客户通过拨十进制数字实现本地呼叫、国内长途呼叫及国际长途呼叫的一种方式。我国信息产业部移动通信网技术体制规定的 GSM 移动通信的拨号方式是：

移动客户→固定客户（含模拟移动客户）0 XYZ PQR ABCD

固定客户→本地移动客户　13X H1H2H3 ABCD

固定客户→外地移动客户　013X H1H2H3 ABCD

移动客户→移动客户　　　13X H1H2H3 ABCD

移动客户→特服业务　0 XYZ 1XX

其中，火警只需拨 119，匪警只需拨 110，急救中心只需拨 120，交警中心只需拨 122。

国际客户→移动客户　0 + 国际长途国家代码 + 13X H1H2H3 ABCD

移动客户→国际客户　00 + 国家代码 + 该国内有效电话号码

其中，0：国内长途有权字冠。

00：国际长途有权字冠。

XYZ：长途区号，由 3 位或两位数字组成。

PQR：局号。

ABCD：客户号码，当长途区号为 2 位时，客户号可以由 4 位或 5 位号码组成。

1XX：特种业务号码。

（五）呼叫发起的过程

在被叫业务发起之前，网络侧是不确认移动台处于那个小区当中的。因此主叫在发起呼叫后，交换机要求上报被叫号码。当被叫也是移动网内用户时，主叫交换机会按照被叫 MSISDN 中的 HLR 号段将呼叫请求路由至被叫归属位置寄存器 HLR。

HLR 查找用户状态，当用户处于附着状态时，HLR 会根据用户所在位置 VLR 将呼叫请求路由至被叫当前访问位置寄存器 VLR 处。

VLR 查找用户当前状态，当用户处于空闲状态时，VLR 会为用户分配一个临时移动用户识别码 MSRN 并返回至主叫交换机。

主叫交换机得到 MSRN 后按照 MSRN 中的 HLR 号段直接将路由建立至被叫交换机，此时被叫交换机在 VLR 中找到用户所在位置区号 LAC 后向该区域内所有基站下发寻呼消息。

这些基站会用被叫用户的 TMSI 在空口接口寻呼信道发起寻呼，如果未接收到被叫用户的响应基站会多次尝试直到达到最大寻呼次数。

当被叫用户从寻呼信道听到对自己的 TMSI 进行寻呼的信息时会以一个随机接入信道作为响应，此后网络与移动台的信息交互将只在本小区内进行而不会在 LAC 范围内发送。详细过程如图 7－57 所示。

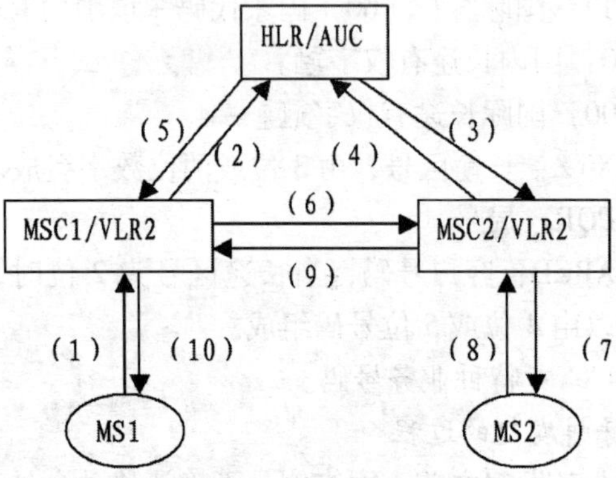

图 7－57　呼叫发起过程

（六）GSM移动台在通话过程中的工作

处于通话状态的移动用户从一个BSS移动到另一个BSS时，切换功能保持移动用户已经建立的链路不被中断。切换与否主要由BSS决定，当BSS检测到当前的无线链路通信质量下降时，BSS将根据具体情况进行不同的切换。也可以由MSS根据话务信息要求开始切换。切换包括BSS内部切换、BSS间的切换和MSS间的切换。其中BSS间的切换和MSS间的切换都需要由MSC来控制完成，而BSS内部切换由BSC控制完成。

由于GSM的移动台内部只有一套收发器，从微观的角度看移动台只能工作于半双工状态。因此GSM移动台的收与发之间相差3个时隙，而发与收之间相差5个时隙。在这两个时间段内移动台的发收器可以不处理业务信息，而是去测量本小区及邻小区的信号强度，为切换和功率控制提供参考测量报告，上传一份完整的测量报告需要480ms，所以小区对移动台的功率控制最大为每秒2次。

7.4.7 实验方法与步骤

1. 将SIM卡插入相应插槽中。

2. 在主控机上打开软件，确定联机状态。

3. 图7－58右中部分可能出现并非“联机状态”，打开“计算机管理”中查询通信端口信息。

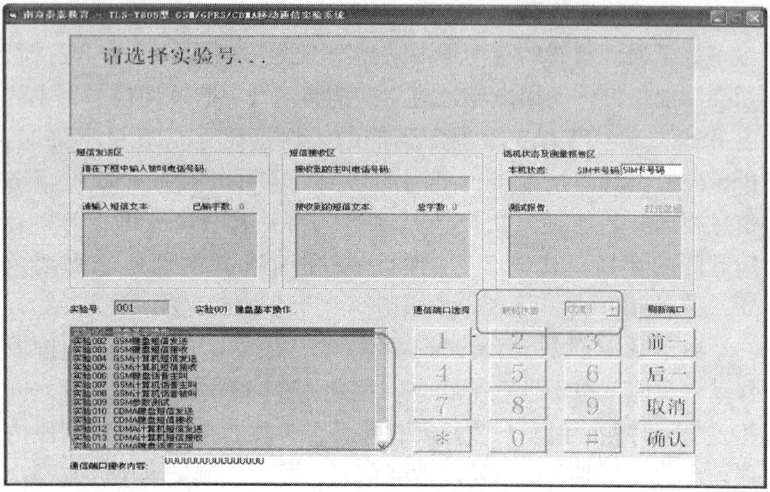

图 7 - 58

4. 在图 7 - 59 左下框中选择正确的端口，然后刷新端口，正常联机后，按照软件所指示的几个实验内容分别进行实施操作。

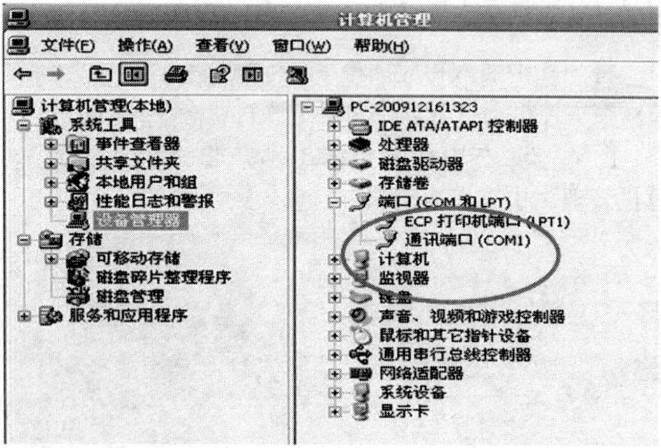

图 7 - 59

（1）将按钮调到要测试的“GSM”或“CDMA”上。

（2）GSM/CDMA 参数测试。

（3）GSM/CDMA 计算机主叫、被叫测试。

（4）GSM/CDMA 计算机短信收发实验测试。

注意：可将某个同学的手机号码作为被叫号码输入进行测试。

7.4.8　实验报告要求

实验前应认真阅读实验指示书，明确实验目的，了解实验原理、内容，掌握实验步骤及注意事项，并写出预习报告，内容包括：

1. 实验目的。
2. 实验设备、设备原理方框图。
3. 实验记录表格及测试步骤。
4. 实验指示书上规定的其它内容。
5. 实验设备名称、型号和编号。
6. 实验方法及设备使用总结。
7. 思考题讨论。

实验报告在实验完成后一周内交到实验室，一律用学校规定的实验报告纸写，发回的报告应保存好，以备考查。

7.4.9　思考题

1. 双模手机中那些部分 GSM/CDMA 可以共用？
2. 你的手机所用的通信频率是多少？
3. 实验过程中的特殊事件和处理结果是怎样的？